गणित की पहेलियां

गणित की पहेलियां

गुणाकर मुळे

राजकमल प्रकाशन

ISBN : 978-81-267-2265-5

मूल्य : ₹250

चौथा संस्करण : 1986
चौदहवाँ संस्करण : 2023

प्रकाशक : राजकमल प्रकाशन प्रा.लि.
1-बी, नेताजी सुभाष मार्ग, दरियागंज
नई दिल्ली-110 002
शाखाएँ : अशोक राजपथ, साइंस कॉलेज के सामने, पटना-800 006
पहली मंजिल, दरबारी बिल्डिंग, महात्मा गांधी मार्ग, प्रयागराज-211 001
वेबसाइट : www.rajkamalprakashan.com
ई-मेल : info@rajkamalprakashan.com

मुद्रक : बी.के. ऑफसेट
नवीन शाहदरा, दिल्ली-110 032

GANIT KI PAHELIYAN
by Gunakar Muley

गणित की पहेलियां

अनुक्रम

जेनो की पहेलियां

जेनो की पहेलियां

इस पुस्तक का श्रीगणेश हम जेनो की पहेलियों से ही करेंगे। सामान्य जन वैसे ही गणित की दुरूहता से आतंकित है। आरम्भ में जेनो की इन पहेलियों की तार्किक गम्भीरता से पाठकजन हतोत्साहित न हो जाएं। इन पहेलियों को सर्वप्रथम तो हम इसलिए दे रहे हैं कि न केवल जनसाधारण के लिए, अपितु गणितज्ञों एवं दार्शनिकों के लिए भी ये पहेलियां समान रूप से पिछले ढाई हजार वर्षों से सिरदर्द बनी हुई हैं। पिछली शताब्दी के अन्तिम चरण में ही हम इनकी कुछ-कुछ सही व्याख्या कर पाए हैं। परन्तु आज भी हम दावे के साथ यह नहीं कह सकते कि इन्हें हमने पूर्ण रूप से हल कर लिया है। यहां पर हम केवल इन्हें अपने मूल रूप में प्रस्तुत करेंगे।

इलियाका जेनो (ई.पू. 495-435) प्रसिद्ध दार्शनिक पर्मेनिहेस का मित्र था। जेनो के जीवन के बारे में हम बहुत कम जानते हैं। हम इतना-भर जानते हैं कि जेनो ने जब एथेन्स की यात्रा की तो गति-सम्बन्धी अपनी चार पहेलियों द्वारा एथेन्स के दार्शनिकों को उसने चकित कर दिया था। जेनो की चार पहेलियां इस प्रकार हैं–

(1) गति असम्भव है, क्योंकि किसी भी गतिमान वस्तु को अपने अन्तिम स्थान पर पहुंचने के पहले मार्ग के

मध्य-स्थान पर पहुंचना होगा। किन्तु मध्य-स्थान पर पहुंचने के पूर्व इसे चौथाई स्थान पर पहुंचना होगा। और, विभाजन का यह क्रम अनन्त तक चलता रहेगा। अतः गति का आरम्भ ही नहीं हो सकता।

(2) मान लीजिए कि एक खरगोश और एक कछुए की दौड़ हो रही है। आरम्भ में कछुआ खरगोश से कुछ आगे रहता है। दौड़ शुरू होती है। जेनो का कहना है कि खरगोश, कभी भी कछुए के आगे नहीं बढ़ सकता क्योंकि खरगोश को प्रथम उस स्थान पर पहुंचना होगा जहां पर कि पहले कछुआ था। और खरगोश जब उस स्थान पर पहुंच जाएगा तो इस बीच कछुआ थोड़ा और आगे बढ़ जाएगा। इस प्रकार, क्रम की पुनरावृत्ति करते जाने पर हम देखते हैं कि कछुआ हमेशा ही खरगोश से आगे रहेगा।

(3) किसी भी क्षण एक गतिमान तीर या तो स्थिर है, या फिर स्थिर नहीं है, अर्थात्, गतिमान है। यदि इस क्षण का विभाजन सम्भव नहीं है तो तीर स्थिर है; और यदि तीर गतिमान है तो क्षण का विभाजन सम्भव हो जाता है। काल क्षणों के समूह का नाम है। यदि किसी एक क्षण में तीर स्थिर है तो फिर यह सम्पूर्ण काल में भी स्थिर है। अतः यह हमेशा ही स्थिर रहेगा।

(4) इस चौथी पहेली द्वारा जेनो ने सिद्ध किया कि आधा समय दुगुने समय के बराबर है। निम्न तीन पंक्तियों पर विचार कीजिए–

प्रथम स्थिति	द्वितीय स्थिति
(अ) 0 0 0 0	(अ) 0 0 0 0
(ब) 0 0 0 0	(ब) 0 0 0 0
(क) 0 0 0 0	(क) 0 0 0 0

(अ) पंक्ति के शून्य स्थिर हैं, परन्तु (ब) और (क) पंक्तियों के शून्य समान वेग से विपरीत दिशाओं में गतिमान हैं। 'द्वितीय-स्थिति' पर पहुंचने पर, (ब) पंक्ति (अ) के दुगुने वेग से (क) के शून्यों को पार कर लेती है। अतः (ब) को (अ) के शून्यों को पार करने में जितना समय लगता है, वह (क) के शून्यों को पार करने के समय का दुगुना होगा। परन्तु, (ब) और (क) को (अ) की स्थिति तक पहुंचने में बराबर ही समय लगता है। अतः दुगुना समय आधे समय के बराबर हुआ।

अंकगणित की पहेलियां

विशाल संख्याएं

भौतिकवेत्ता, खगोलवेत्ता आदि को हमेशा बड़ी-बड़ी संख्याओं का उपयोग करना पड़ता है। इन विशाल संख्याओं को संक्षेप में लिखने का गणित में एक सरल तरीका है :

एक अरब = 1,000,000,000

$= 10 \times 10 \times 10 \times 10 \times 10 \times 10 \times 10 \times 10 \times 10$।

अब यदि हम 10×10 को 10^2 द्वारा प्रकट करते हैं, $10 \times 10 \times 10$ को 10^3 द्वारा प्रकट करते हैं, तो उपरोक्त अरब की संख्या, नौ 10 का गुणनफल होने के कारण 10^9 द्वारा प्रकट की जाएगी। 8 अरब को हम 8×10^9 द्वारा प्रकट करेंगे। इसी प्रकार 34,870,000,000 को हम $3,487 \times 10^{70}$ द्वारा प्रकट करेंगे।

अब इस विधि से सम्बन्धित एक सवाल को लीजिए–2 द्वारा लिखी जानेवाली सबसे बड़ी संख्या कौन-सी होगी? आपकी कुछ सम्भावनाएं इस प्रकार की होंगी–

222, 22^2, 2^{22}, और 2^{2^2}

इनमें सबसे छोटी संख्या है–$2^{2^2} = 2^4 = 16$। इनके बाद 222 का स्थान आता है। फिर $22^2 = 484$ का। सबसे बड़ी संख्या है $2^{22} = 4,194,304$।

अब हम इन विशाल संख्याओं का कुछ चमत्कार देखेंगे।

शतरंज का जादू

शतरंज के खेल के नियमों को आप न भी जानते हों तो कम-से-कम इतना तो सभी जानते हैं कि शतरंज चौरस पटल पर खेला जाता है। इस पटल पर 64 छोटे-छोटे चौकोण होते हैं।

प्राचीनकाल में पर्सिया में शिरम नाम का एक बादशाह था। शतरंज की अनेकानेक चालों को देखकर यह खेल उसे बेहद पसन्द आया। शतरंज के खेल का आविष्कर्ता उसी के राज्य का एक वृद्ध फकीर है, यह जानकर बादशाह को खुशी हुई। उस फकीर को इनाम देने के लिए दरबार में बुलाया गया :

"तुम्हारी इस अद्‍भुत खोज के लिए मैं तुम्हें इनाम देना चाहता हूं। मांगो, जो चाहे मांगो," बादशाह ने कहा।

फकीर–उसका नाम सेसा था–चतुर था। उसने बादशाह से अपना इनाम मांगा–"हुजूर, इस पटल में 64 घर हैं। पहले घर के लिए आप मुझे गेहूं का केवल एक दाना दें, दूसरे घर के लिए दो दाने, तीसरे घर के लिए 4 दाने, चौथे घर के लिए 8 दाने और...। इस प्रकार 64 घरों के साथ इनाम पूरा हो जाएगा।"

"बस इतना ही?" बादशाह कुछ चिढ़ गया, "खैर, कल सुबह तक तुम्हें इनाम मिल जाएगा।"

सेसा मुस्कराता हुआ दरबार से लौट आया और अपने इनाम की प्रतीक्षा करने लगा।

बादशाह ने अपने दरबार के एक हिसाब-पंडित को गणना करने का हुक्म दिया। पंडित ने हिसाब लगाया–

$$1 + 2 + 4 + 8 + 16 + 32 + 64 + 128 + \ldots$$

(64 घरों तक)

अर्थात् $1 + 2 + 2^2 + 2^3 + \ldots + 2^{63} = 2^{64} - 1$।

अर्थात् = 18,446,744,073,709,551,615 गेहूं के दाने। गेहूं के इतने दाने बादशाह के राज्य में तो क्या सम्पूर्ण पृथ्वी पर भी नहीं थे। बादशाह को अपनी हार स्वीकार कर लेनी पड़ी।

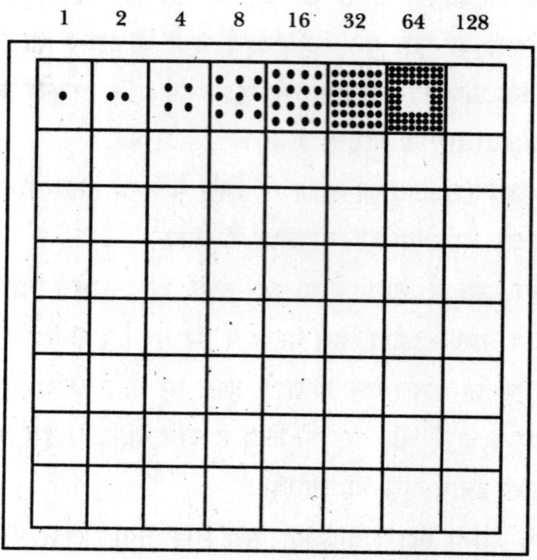

चित्र : शतरंज पटल और गेहूं के दाने

सृष्टि का अन्त

कथा बहुत प्राचीन है। उस समय काशी में एक विशाल मन्दिर था। कहा जाता है कि ब्रह्मा ने जब इस संसार की रचना की, उसने इस मन्दिर में हीरे की बनी हुई तीन छड़ें रखीं और फिर इनमें से एक में छेदवाली सोने की 64 तश्तरियां रखीं। सबसे बड़ी नीचे और सबसे छोटी ऊपर। फिर ब्रह्मा ने वहां पर एक पुजारी को नियुक्त किया। उसका काम था कि वह एक छड़ की तश्तरियां दूसरी छड़ में बदलता जाए। इस काम के लिए वह तीसरी छड़ का सहारा ले सकता था। परन्तु, एक नियम का पालन जरूरी था। पुजारी एक समय में केवल एक ही तश्तरी उठा सकता था और छोटी तश्तरी के ऊपर बड़ी तश्तरी वह रख नहीं सकता था। इस विधि से जब सभी 64 तश्तरियां एक छड़ से दूसरी छड़ में पहुंच जाएंगी, सृष्टि का अन्त हो जाएगा।

आप कहेंगे—तब तो कथा की सृष्टि का अन्त हो जाना चाहिए था। 64 तश्तरियों को एक छड़ से दूसरी छड़ में स्थानान्तरित करने में समय ही कितना लगता है!

नहीं, यह 'ब्रह्म-कार्य' इतनी शीघ्र समाप्त नहीं हो सकता। मान लीजिए कि एक तश्तरी के बदलने में एक सेकिंड का समय लगता

है। इसके माने यह हुआ कि एक घंटे में आप 3600 तश्तरियां बदल लेंगे। इसी प्रकार एक दिन में आप लगभग 100,000 तश्तरियां और दस दिन में लगभग 1,000,000 तश्तरियां बदल लेंगे।

आप कहेंगे–'इतने परिवर्तनों में तो 64 तश्तरियां निश्चित रूप से एक छड़ से दूसरी छड़ में पहुंच जाएंगी।'

लेकिन आपका अनुमान गलत है। उपरोक्त 'ब्रह्म-नियम' के अनुसार 64 तश्तरियों को बदलने में पुजारी महाशय को कम से कम 500,000,000,000 वर्ष लगेंगे।

इस बात पर शायद यकायक आप विश्वास न करें परन्तु, गणित-हिसाब से कुल परिवर्तनों की संख्या होती है–$2^{64}-1$

अर्थात्, 18,446,744,073,709,551,615।

× × ×

उपरोक्त गणना को एक संवाद द्वारा स्पष्ट कर देना उचित होगा। अपने बचपन की एक घटना मुझे याद आती है। एक दिन मेरे बड़े भाई साहब ने सिक्कों का एक खेल समझाया। उन्होंने मेज पर तीन प्लेटें रखीं और इनमें से एक में पांच अलग-अलग सिक्के रखे–क्रमशः एक के ऊपर एक–रुपया, अठन्नी, चवन्नी, इकन्नी और एक पैसा। इन पांचों सिक्कों को, इसी क्रम में, दूसरी प्लेट में रखना था। परन्तु, तीन नियमों का पालन जरूरी था–

(1) एक समय में केवल एक ही सिक्का उठाया जा सकता था।

(2) छोटे सिक्के पर बड़े सिक्के को रखने की मनाही थी।

(3) इस परिवर्तन-क्रिया में तीसरी प्लेट का उपयोग किया जा सकता था। परन्तु अन्त में सभी सिक्के दूसरी प्लेट में पहुंच जाने चाहिए थे, और वह भी अपने आरम्भिक क्रम में (रुपया, अठन्नी, चवन्नी, इकन्नी और पैसा)—एक के ऊपर दूसरा।

"नियम तुम्हें समझ में आ गए होंगे, अब अपना काम शुरू करो!" भैया ने मुझसे कहा।

मैंने पैसा उठाया और तीसरी तश्तरी में रखा। फिर इकन्नी उठाकर दूसरी तश्तरी में रखी। फिर चवन्नी उठाई, परन्तु, इसे कहां रखूं? (सिक्कों के आकार पर विचार न करें, इनके मूल्यों के अनुसार ही इन्हें हम छोटा-बड़ा मानेंगे।) यह तो दोनों से बड़ी है।

भाई साहब ने मदद की, "पैसे को इकन्नी पर रखो। तब तुम्हें तीसरी तश्तरी खाली मिलेगी।"

मैंने वैसा ही किया। परन्तु, इससे मेरी कठिनाइयों का अन्त नहीं हुआ। अब अठन्नी कहां रखूं? थोड़ा सोचने पर रास्ता निकल आया। पैसे को मैंने दूसरी तश्तरी से पहली तश्तरी में रख दिया और इकन्नी को तीसरी तश्तरी में चवन्नी के ऊपर। फिर पहली तश्तरी का पैसा तीसरी तश्तरी में इकन्नी पर रख दिया। अब अठन्नी रखने के लिए दूसरी तश्तरी खाली थी। इसी प्रकार, कई परिवर्तनों के बाद, सभी सिक्के दूसरी तश्तरी में बदलने में मुझे सफलता मिली।

भाई साहब ने प्रशंसा करते हुए पूछा—"अच्छा, अब यह तो बताओ कि तुमने कुल कितने परिवर्तन किए?"

"नहीं जानता, मैंने गिनती ही नहीं की।" मैंने जवाब दिया।

"खैर, आओ, हम गिनती करें। मान लो कि पांच की बजाय हमारे पास केवल दो ही सिक्के हैं–इकन्नी और पैसा। तब कितने परिवर्तन होंगे?"

"तीन।" उत्तर आसान था।

"और यदि तीन सिक्के हों तो?"

मैंने थोड़ा और हिसाब लगाकर उत्तर दिया–"3 + 1 + 3 = 7 परिवर्तन।"

"और चार सिक्के हों तो?"

"7 + 1 + 7 = 15 परिवर्तन," मैंने उत्साह से कहा।

"बहुत अच्छे! और यदि पांच सिक्के हों तो?"

"15 + 1 + 15 = 31 परिवर्तन," मैंने उत्तर दिया।

"अब तुम इस समस्या को ठीक तरह से समझ गए हो परन्तु, मैं तुम्हें और सरल तरीका बताता हूं।" भाई ने कहा।

इन संख्याओं–3, 7, 15, 31–को तुम निम्न तरीके से रख सकते हो–

$$3 = 2 \times 2 - 1$$

$$7 = 2 \times 2 \times 2 - 1$$

$$15 = 2 \times 2 \times 2 \times 2 - 1$$

$$31 = 2 \times 2 \times 2 \times 2 \times 2 - 1$$

इस (उपरोक्त) तालिका पर विचार करने से यह स्पष्ट हो जाता है कि जितने सिक्के हों, उतनी बार 2 को अपने-आपसे गुणा करके और फिर उसमें से 1 को घटा देने से इच्छित परिवर्तनों की

संख्या प्राप्त होती है। जैसे, यदि 5 की बजाय 6 सिक्के हों तो हमें $2 \times 2 \times 2 \times 2 \times 2 \times 2 \times 2 - 1 = 127$ परिवर्तन करने होंगे।

× × ×

अब हम 'शतरंज का जादू' और 'सृष्टि का अन्त' को अच्छी तरह से समझ सकते हैं। शतरंज में 64 घर हैं तो काशी के मन्दिर में 64 तश्तरियां। इन दोनों पहेलियों में इच्छित संख्या होगी–$2^{64} - 1$।

× × ×

आजकल हम बढ़ती जनसंख्या की समस्या से चिन्तित हैं। परन्तु निम्न पहेली को पढ़ने के बाद, थोड़ी देर के लिए ही सही, आपकी चिन्ता दूर हो जाएगी।

आज के किसी भी जीवित मनुष्य की एक मां होगी, एक पिता होगा। 4 दादा-दादी, नाना-नानी होंगे। फिर इनके भी माता-पिता होंगे–8। (देखिए चित्र)। अर्थात्, एक पीढ़ी पहले उसके 2 पूर्वज थे, दो पीढ़ी पूर्व 4 या 2×2 या 2^2 पूर्वज थे, तीन पीढ़ियां पूर्व $2 \times 2 \times 2$ या 2^3 पूर्वज थे...क पीढ़ियों पूर्व पूर्वज थे। मान लीजिए कि एक पीढ़ी के 30 वर्ष होते हैं। तब केवल 600 वर्ष पूर्व–20 पीढ़ियों पूर्व–हममें से प्रत्येक के 2^{20} या 1,040,400 पूर्वज थे।

किसी ने इस पहेली के आधार पर यह सिद्ध किया कि आज से छः सौ वर्ष पूर्व संसार की जनसंख्या आज से दस लाख गुनी अधिक थी। इस पहेली की गलती को आसानी से पकड़ा जा सकता है। क्या आप इस गलती को पकड़ सकते हैं?

× × ×

यदि कभी आपको इस प्रकार का पत्र न भी मिला हो, तब भी इस प्रकार की बात आपने अवश्य सुनी होगी। एक व्यक्ति किन्हीं दो व्यक्तियों को पत्र लिखता है और उनसे कहता है कि "इस पत्र की नकल करके और दो व्यक्तियों को भेज दो।" अब देखिए नतीजा क्या होता है। पहले जनाब तो केवल दो पत्र लिखकर आराम फरमाते हैं। दूसरी स्थिति में पत्रों की संख्या $2 \times 2 = 2^2$ हो जाती है, तीसरी स्थिति में $2 \times 2 \times 2 = 2^3$ और यह संख्या बढ़ती ही जाती है। 30वीं स्थिति में पत्रों की संख्या 2^{30}=1,073,741,824 हो जाएगी।

अफवाह कैसे फैलती है

कई बार देखने में आता है कि कुछ थोड़े-से व्यक्तियों द्वारा देखी या सुनी कोई अद्भुत घटना चन्द घंटों में ही सारे शहर में फैल जाती है। अफवाह की यह तेज गति सचमुच ही हमें अचम्भित कर देती है, उलझन में डाल देती है।

लेकिन इस पहेली पर यदि आप थोड़े अंकगणित पक्ष से विचार करें, तो सब बात स्पष्ट हो जाएगी। आप देखेंगे कि इसमें आश्चर्य की कोई बात नहीं।

कल्पना कीजिए कि पचास हजार की बस्तीवाले शहर में राजधानी से एक व्यक्ति आता है। अपने साथ वह एक चटपटी खबर लाता है। जिस परिवार में वह ठहरता है, उसके तीन सदस्यों को वह यह खबर सर्वप्रथम सुनाता है। खबर सुनाने में 15 मिनट का समय लगता है।

इस प्रकार उस आदमी के शहर पहुंचने के 15 मिनट बाद—मान लीजिए कि सुबह के 8.15 बजे—उस खबर को केवल 4 व्यक्ति जानते हैं—उस परिवार के 3 व्यक्ति और स्वयं खबर सुनानेवाला।

इन तीनों में से प्रत्येक इस खबर को तुरन्त दूसरे तीन व्यक्तियों को सुनाता है। अर्थात् आधे घंटे के पश्चात् इस खबर को

4 + (3 × 3) = 13 लोग जान जाते हैं। इन 9 लोगों में से प्रत्येक इस समाचार को और तीन लोगों तक पहुंचाता है। 8.45 बजे यह खबर 13 + (3 × 9) = 40 व्यक्तियों तक पहुंच जाती है।

इसी प्रकार यदि अफवाह फैलती रहे तो परिणाम इस प्रकार होगा–

9.00 बजे तक इस खबर को 40 +(3 × 27) = 121 लोग जान लेंगे।

9.15 बजे तक इस खबर को 121 + (3 × 81) = 364 लोग जान लेंगे।

9.30 बजे तक इस खबर को 364 + (3 × 243) = 1093 लोग जान लेंगे।

9.45 बजे तक इस खबर को 1093 + (3 × 729) = 3280 लोग जान लेंगे।

10.00 बजे तक इस खबर को 3280 + (3 × 2187) = 9841 लोग जान लेंगे।

10.15 बजे तक इस खबर को 9841 + (3 × 6561) = 29524 लोग जान लेंगे।

और अगले 15 मिनटों के पूर्व ही इस खबर को सम्पूर्ण शहर जान जाएगा। इस प्रकार जो खबर 8 बजे केवल एक व्यक्ति जानता था, 10.30 तक सम्पूर्ण शहर में फैल जाती है।

आप मान लीजिए, मैं बता देता हूं

किसी संख्या को आप अपने मन में मान लीजिए और कुछ परिकर्म-प्रश्नों के बाद मैं आपकी मानी हुई संख्या बता दूंगा। बहुत-से लोग इस प्रकार के 'मनोरहस्य' को पहेलियां मानते हैं और इनका काफी प्रचार भी है। नीचे इस प्रकार की कुछ 'पहेलियां' दे रहे हैं। इनमें बहुत ही सरल अंकगणितीय परिकर्मों की आवश्यकता पड़ती है।

× × ×

आप किसी संख्या को मान लीजिए। इसे 5 से गुणा कीजिए, फिर इसमें 6 जोड़ दीजिए, फिर 4 से गुणा कीजिए, फिर 9 जोड़ दीजिए, फिर 5 से गुणा कीजिए और अन्तिम परिणाम बताइए।

मान लीजिए कि आप प्रथम 12 को चुनते हैं। क्रमशः परिकर्म करते जाने पर संख्याएं प्राप्त होंगी—60, 66, 264, 273, 1365। अन्तिम संख्या आप बता देते हैं।

तब वह 'मस्तिष्क जादूगर' इस संख्या में से 165 घटा देता है। शेष रहते हैं 1200। इस संख्या को वह सौ से भाग देता है, अर्थात् 12 के आगे के दो शून्य हटा देता है। वह आपके मन की संख्या आपको सुना देता है। आप चकित रह जाते हैं।

इस पहेली को बीजगणितीय चिह्नों द्वारा आसानी से समझा जा सकता है। यदि आपकी मानी हुई संख्या 'क' है तो परिकर्मों के क्रम का परिणाम होता है–5क, 5क + 6, 20क + 24, 20क + 33 और 100क + 165। जब अन्तिम संख्या बता दी जाती है तो क की कीमत जानने के लिए इसमें से 165 घटा दिए जाते हैं। फिर शेष संख्या को 100 द्वारा भाग दिया जाता है, अर्थात् संख्या के आखिरी दो शून्य हटा दिए जाते हैं। शेष संख्या मानी हुई संख्या होती है।

× × ×

'ब' 'अ' को बिना किसी प्रश्न पूछे उत्तर बताना चाहता है। 'ब' को विभिन्न परिकर्म इस प्रकार से रखने होते हैं कि 'अ' द्वारा आरम्भ में सोची हुई संख्या अपने-आप प्रकट होती है।

ब : किसी संख्या को मान लो। 10 जोड़ो, 2 से गुणा करो। अपनी जेब में जितने पैसे हों उन्हें जोड़ दो। 4 से गुणा करो। 20 जोड़ो। अपनी आयु के वर्षों को 4 से गुणा करके इसमें जोड़ो। 2 से भाग दो। अपनी जेब के पैसे के दुगुने इसमें से घटा दो। 10 घटाओ। 2 से भाग दो। अपनी आयु के वर्षों को घटा दो। 2 से भाग दो। आरम्भ में सोची हुई संख्या को घटा दो।

[अ आरम्भ में 7 को मान लेता है। उसकी जेब में 30 पैसे होते हैं और उसकी आयु 20 वर्ष है। वह सोचता जाता है–7, 17, 34, 64, 256, 276, 356, 118, 178, 108, 54, 34, 17, 10।]

ब : शेष संख्या 10 है, है न?

अ : हां, बिलकुल ठीक है।

× × ×

इस पहेली द्वारा आप किसी की आयु या उसकी जेब में कितने पैसे हैं–बता सकते हैं।

ब : अपनी आयु के वर्षों को 2 से गुणा करो, 5 जोड़ो, फिर इस परिणाम को 50 से गुणा करो, अपनी जेब में जितने रुपये (सौ से कम) हों, उस संख्या को जोड़ दो, एक वर्ष के दिनों की संख्या को घटा दो और परिणाम मुझे बताओ।

[अ : जिसकी आयु 35 वर्ष की है और जिसकी जेब में 76 रुपये हैं, गणना करता जाता है–70, 75, 3750, 3826, 3461।]

अ : 3461।

[ब : इस संख्या में 115 जोड़ देता है। नई संख्या होती है 3576।]

ब : तुम्हारी आयु 35 वर्ष है और तुम्हारी जेब में 76 रुपये हैं।

अ : बिलकुल ठीक।

मान लीजिए कि अ की आयु क वर्ष है और उसकी जेब में ग रुपये हैं। तब ब द्वारा गिनाए गए परिकर्म क्रमशः परिणाम देते हैं– 2क, 2क + 5, 100क + 250, 100क + ग + 250 और 100क + ग – 115। यदि अन्तिम संख्या में 115 जोड़ दिए जाएं तो परिणाम मिलेगा 100क + ग। यदि अ की आयु दो अंकों वाली संख्या है तो 100क + ग चार अंकों वाली संख्या होगी। प्रथम दो अंक क की कीमत बताएंगे और अन्तिम दो अंक ग की कीमत।

× × ×

ब : 3 अंकों वाली कोई संख्या लीजिए। इन अंकों को उलटा रखकर एक दूसरी संख्या बनाइए। इन दोनों में से छोटी संख्या बड़ी

में से घटा दीजिए। शेष संख्या में से इसी संख्या को उलटा रखने से बननेवाली संख्या जोड़ दीजिए। परिणाम को याद रखिए।

[अ मन में गणना करता है : 853, 358, 853–358 = 495, 495 + 594 = 1089।]

ब : परिणाम 1089 है, ठीक है?

अ : ठीक है।

आरम्भ में आप कोई भी संख्या मान लीजिए, परिणाम हमेशा 1089 ही आएगा।

× × ×

कोई भी संख्या, जिसे 9 द्वारा ठीक-ठीक भाग देना सम्भव हो, तो फिर इस संख्या को अंकों के योग को भी 9 से भाग देना सम्भव है।

ब : किसी संख्या को मान लीजिए। 10 से गुणा कीजिए, आरम्भ की संख्या को घटा दीजिए। 54 (या 9 का कोई भी गुणनफल) जोड़ दीजिए। इस प्रकार जो संख्या मिलेगी उसका कोई भी अंक निकाल दीजिए और शेष संख्या मुझे बताइए।

[अ सोचता है, 5238, 52380, 52380–5238 = 47142 + 54 = 47196, 4196]

अ : 4196।

[ब इस संख्या के अंकों को जोड़ता है। 20 उत्तर आता है। इसे 9 के निकटतम बड़े गुणनफल 27 में से घटाता है– 27 – 20 = 7]

ब : निकला हुआ अंक 7 था।

अ : ठीक है।

ब : किसी संख्या को मान लीजिए। इसके अंकों के योग को घटा दीजिए। प्राप्त संख्या के अंकों में मनचाहे क्रम में, हेरफेर कर दीजिए। 31 जोड़ दीजिए। [ब जानता है कि इस संख्या को 9 से भाग देने पर 4 शेष बचते हैं।] 9 को छोड़कर कोई भी अंक काट दीजिए और शेष अंकों का योग बताइए।

[अ सोचता है, 1234567, 1234567 − 28 = 1234539, 5923143, 5923174, 923174, 26।]

अ : 26।

[ब 4 (31 को 9 से भाग देने पर बची संख्या) को घटाता है– 22 बच जाते हैं। इसे 27 (20 के निकट की बड़ी संख्या जिसे 9 से भाग देना सम्भव हो) में से घटा देता है।]

ब : काटा हुआ अंक 5 था। ठीक है?

अ : बिलकुल ठीक।

ब 31 की बजाय दूसरी कोई भी संख्या जोड़ने को दे सकता है। 9 से भाग देने पर शेषफल को उसे याद रखना होगा और अ द्वारा दिए हुए योगफल में से इसे घटाना होगा।

अद्‌भुत भाग

निम्न भाग में 4 को छोड़कर सभी अंक * द्वारा दर्शाए गए हैं। लुप्त अंकों को भरिए।

```
*** ) ******4 ( *4**
       ***
      -----
       **4*
       ****
      ------
       ****
        *4*
       -----
        ****
        ****
       ------
```

इस प्रश्न के चार विभिन्न हल हैं :

1,337,174 : 943 = 1418;

1,343,784 : 949 = 1416;

1,200,474 : 846 = 1419;

1,202,464 : 848 = 1418।

बनेडिक्टोव की पहेली

बनेडिक्टोव रूसी कवि थे। इन्होंने गणित की पहेलियों की एक पुस्तक लिखी थी। निम्न पहेली उसी पुस्तक की एक पहेली है–

एक वृद्ध औरत अंडे बेचकर अपना और अपनी तीन बेटियों का जीवन-निर्वाह करती थी। एक दिन उसने अपनी बेटियों को 90 अंडे देकर बाजार भेजा। बड़ी को 10 अंडे दिए, मंझली को 30 और छोटी को 50।

"तुम लोग आपस में समझौता कर लो", वृद्धा ने कहा, "और अपने ही आप कीमत तय कर लो। निश्चित की हुई कीमत पर डटी रहो। लेकिन जहां तक मेरा ख्याल है, समझौते के बावजूद, बड़ी लड़की अपने दस अंडों के लिए उतने ही पैसे प्राप्त करेगी, जितने कि दूसरी अपने 30 अंडों के लिए और तीसरी के 50 अंडों की भी इतनी ही कीमत मिलेगी अर्थात्, तुममें से प्रत्येक घर बराबर पैसे लाएगी और 90 अंडों की सब आय 90 आनों से कम नहीं होगी।"

[इसके पहले कि आप आगे इस पहेली के हल को पढ़ें, स्वयं हल खोजने की कोशिश कीजिए।]

समस्या विकट थी। तीनों लड़कियां बाजार जाते समय रास्ते में सोचने लगीं। दोनों छोटी बहनों ने बड़ी से कोई तरकीब खोजने को कहा क्योंकि, बड़ी काफी होशियार थी।

बड़ी ने कहा, "हम सभी एक बार में इकट्ठे 7 अंडे बेचेंगे। इन सात अंडों की हम एक निश्चित कीमत रखेंगे और फिर इस कीमत में हेरफेर नहीं करेंगे। हम 7 अंडों की 3 आना कीमत रखेंगे। ठीक है?"

"लेकिन यह तो बहुत कम कीमत हुई!" दूसरी लड़की ने आपत्ति की।

"कोई हर्ज नहीं," बड़ी लड़की ने कहा–"शेष अंडों की कीमत हम बढ़ा देंगे। मैंने पता लगा लिया है कि आज बाजार में अंडों की कमी है।"

"और शेष अंडों की हम क्या कीमत रखेंगे!" छोटी ने पूछा।

"9 आने प्रति अंडा। विश्वास रखो, जिन्हें अंडों की आवश्यकता होगी, यह कीमत भी वे देने को तैयार हो जाएंगे।"

"लेकिन यह तो बहुत ऊंची कीमत हुई," दूसरी ने कहा।

"इससे क्या? पहले 7 अंडों वाले समूह सस्ते जाएंगे। कीमती अंडों से उसकी पूर्ति हो जाएगी।"

बाजार में तीनों लड़कियां अलग-अलग स्थानों पर अपने अंडे लेकर बैठ गईं। इनके अंडों की कम कीमत पर सारा बाजार दंग रह गया। छोटी ने, जिसके पास 50 अंडे थे, 1 को छोड़कर सभी अंडे बेच डाले। प्रत्येक 7 अंडों के 3 आने के हिसाब से उसे 21 आने मिले। दूसरी ने, जिसके पास 30 अंडे थे, 2 को छोड़कर

शेष सभी अंडे बेच डाले। उसे 12 आने मिले। बड़ी लड़की को अपने 7 अंडों के लिए 3 आने मिले और उसके पास 3 अंडे शेष रहे।

यकायक एक बावर्ची दौड़ता-दौड़ता आया। उसे दस अंडों की बहुत जरूरत थी। उसके मालिक को ऑमलेट बहुत पसन्द था। किसी भी कीमत में अंडे खरीदने को वह तैयार था। लेकिन यह क्या, इन तीन लड़कियों को छोड़कर किसी के भी पास अंडे नहीं हैं! छोटी के पास 1 अंडा था, मंझली के पास 2 और बड़ी के पास 3।

बावर्ची बड़ी के पास पहुंचा, "तुम अपने अंडों की कितनी कीमत चाहती हो?"

"एक अंडे के दाम 9 आने," उसने उत्तर दिया।

"क्या? तुम पागल तो नहीं हो?"

"लेना हो तो लो, अन्यथा अपना रास्ता पकड़ो। दाम एक है। एक पैसा भी कम नहीं होगा।"

बावर्ची दूसरी के पास गया।

"क्या दाम है?"

"एक अंडे के 9 आने।"

"और तुम्हारे अंडे का क्या दाम है?" बावर्ची ने तीसरी से पूछा।

"9 आना।"

दूसरा इलाज नहीं था। बावर्ची ने तीनों के अंडे ले लिए।

इस प्रकार : बड़ी लड़की को केवल 10 अंडों के $3 + (9 \times 3) = 30$ आने मिले। मंझली लड़की को 30 अंडों के $(4 \times 3) +$

(9 × 2) = 30 आने मिले, और छोटी लड़की को भी 50 अंडों के (7 × 3) + (1 × 9) = 30 आने मिले। कुल आने हुए 90।

खुशी-खुशी लड़कियां घर लौटी। मां को सब किस्सा सुना दिया और उसके हाथ पर 90 आने रख दिए।

पितामह और पोता

सन् 1932 में मेरी उम्र मेरे जन्म-वर्ष की संख्या के अन्तिम दो अंकों के बराबर थी। जब इस संयोग को मैंने अपने पितामह से कहा तो उन्होंने अचम्भित कर दिया–"यही बात मेरी आयु पर लागू होती है।" मैंने इस बात को मानने से इनकार कर दिया।

शायद आप भी दादा की इस बात को असम्भव मानेंगे।

"मान जाओ, मैं तुम्हें सच-सच बता रहा हूं" और दादा ने अपनी बात स्पष्ट समझा दी।

इसके पहले कि आप नीचे दादा का स्पष्टीकरण पढ़ें, बताइए सन् 1932 में हम दोनों की आयु कितनी थी?

स्पष्टीकरण : शायद आप सोचने लग जाएं कि पहेली में ही कोई धोखा है, वरना पितामह और पोते की आयु बराबर कैसे हो सकती है?

स्पष्ट है कि पोते का जन्म 20वीं शताब्दी में हुआ। अतः उसके जन्म-वर्ष की संख्या के प्रथम दो अंक 19 हुए। शेष दो अंकों को दो बार जोड़ने से योग 32 होना चाहिए। अतः ये अन्तिम दो अंक 16 हुए। अर्थात् पोते का जन्म सन् 1916 में हुआ और सन् 1932 में उसकी आयु 16 वर्ष थी।

स्वाभाविक है कि दादा का जन्म 19वीं शताब्दी में हुआ। अतः उनके जन्म-वर्ष की संख्या के प्रथम दो अंक 18 होंगे। शेष दो अंकों को दुगुना करने पर 132 संख्या मिलनी चाहिए। ये दो अंक होंगे 66। अतः दादा का जन्म-वर्ष था सन् 1866 और सन् 1932 में उनकी आयु थी 66 वर्ष।

इस प्रकार सन् 1932 में पितामह और पोते की आयु क्रमशः उनके जन्म-वर्षों की संख्याओं के अन्तिम दो अंकों के बराबर थी।

× × ×

नीचे आयु-सम्बन्धी हम और दो पहेलियां दे रहे हैं। स्वयं कोशिश कीजिए उत्तर जानने की। वैसे, उत्तर हम नीचे दे रहे हैं।

(1) एक आदमी से उसकी आयु पूछी गई। उसने उत्तर दिया :
"आज से तीन साल बाद की मेरी उम्र-संख्या लीजिए। इसे 3 से गुणा कीजिए और तब आज से 3 वर्ष पूर्व की मेरी उम्र-संख्या को 3 से गुणा करके इसमें से घटा दीजिए। आप स्वयं जान जाएंगे कि मेरी उम्र क्या है।"
बताइए, उस व्यक्ति की उम्र क्या है?

(2) "श्री नागार्जुनजी की उम्र क्या है?" मेरे मित्र ने मुझसे पूछा।
"नागार्जुनजी की? 15 वर्ष पूर्व उनकी आयु उनके पुत्र की आयु की 3 गुनी थी।"
लेकिन आज तो उनकी आयु, उनके पुत्र की आयु की दुगुनी ही है," मेरे मित्र ने कहा।

"बात ठीक है। और इसीलिए दोनों की आयु आसानी से जानी जा सकती है।"

आप बताइए।

उत्तर :

(1) अंकगणित की अपेक्षा सरल बीजगणित से इन पहेलियों का उत्तर आसानी से मिल जाएगा। मान लीजिए कि य उस व्यक्ति की आयु है। तब पहेली की शर्तों के अनुसार–

3 (य + 3) – 3 (य – 3) = य

या य = 18 – उस व्यक्ति की आयु

(2) आज यदि पुत्र की आयु य वर्ष है, तो पिता की आयु 2 य वर्ष होगी। 18 वर्ष पहले दोनों की आयु 18 वर्ष कम थी। तब पिता की आयु पुत्र से 3 गुनी थी। अतः

3 (य–18) = 2 य –18

या य = 36, पुत्र की आयु।

अतः पिता की आयु है 72 वर्ष।

संख्याशास्त्र की पहेलियां

1, 2, 3, 4, 5....संख्याओं को हम प्राकृतिक संख्याएं कहते हैं। इन प्राकृतिक संख्याओं से सम्बन्धित कई ऐसे सवाल हैं जिन्हें हम अभी तक हल नहीं कर पाए हैं। क्योंकि यह संख्याशास्त्र केवल एक-दो संख्याओं से सम्बन्धित नहीं है, (जैसे, 2 द्वारा 6 को पूर्ण भाग दिया जाता है)। यह सम्पूर्ण संख्या-समूह पर विचार करता है (जैसे, 2 द्वारा सभी सम संख्याओं को पूर्ण भाग दिया जा सकता है)। यद्यपि इस प्रकार के वक्तव्य, ऊपर से देखने में आसान प्रतीत होते हैं परन्तु, जब इनको सिद्ध करने का सवाल उपस्थित होता है, तो बड़े-बड़े गणितज्ञ हार जाते हैं।

उदाहरण के लिए गोल्डबाख के अनुमान को ही लीजिए : "2 से बड़ी प्रत्येक सम संख्या दो मूल संख्याओं का योग है।" (मूल संख्या की परिभाषा है : वह संख्या जिसे स्वयं उस संख्या और 1 को छोड़कर, और अन्य संख्या द्वारा भाग देना सम्भव न हो।) इस प्रकार 4 (समसंख्या) मूल संख्या 2 और 2 का योग है; 6 मूल संख्या 3 और 3 का योग है; 8 मूल संख्या 3 और 5 का योग है; और इसी प्रकार यह क्रम चलता रहेगा परन्तु, इस प्रकार के आप चाहे जितने उदाहरण दें, इससे यह सिद्ध नहीं होता कि सभी सम संख्याओं के

लिए यह कथन सत्य है, यद्यपि किसी ने भी आज तक ऐसा कोई उदाहरण प्रस्तुत नहीं किया, जिससे गोल्डबाख का अनुमान गलत साबित हो।

इस कथन का स्पष्टीकरण यहां पर सम्भव नहीं होगा। हम भारतीयों को यह जानकर प्रसन्नता होगी कि इस शताब्दी की एक अल्पजीवी प्रतिभा रामानुजन ने इस पहेली को सुलझाने में काफी सहयोग दिया है। रामानुजन के तरीकों पर रूसी गणितज्ञ विनोग्राडोव अब तक यही सिद्ध कर पाए हैं कि प्रत्येक बड़ी संख्या चार मूल संख्याओं के योग के रूप में लिखी जा सकती है (जैसे, 43 = 2 + 5 + 17 + 19)।

× × ×

ऊपर हमने 'मूल संख्या' की परिभाषा दी है : मूल संख्या वह संख्या है, जिसे स्वयं वह संख्या और 1 को छोड़कर अन्य किसी संख्या द्वारा भाग देना सम्भव न हो। इस प्रकार प्रथम 12 मूल संख्याएं हैं : 1, 2, 3, 5, 7, 11, 13, 17, 19, 23, 29 और 31। संख्या 4, 6, 8....मूल संख्याएं नहीं हैं।

आज से लगभग 22 सौ वर्ष पूर्व यूक्लिड ने सिद्ध किया था कि मूल संख्याओं की संख्या अनन्त है। शताब्दियों से गणितज्ञों का यह प्रयास रहा है कि कोई ऐसा सूत्र हाथ लगे, जो केवल मूल संख्याओं को ही प्रकट करे।

प्रथम सूत्र दिया गया $न^2 + न + 41$। यदि न कोई संख्या हो तो 2 और 39 के बीच न का कोई भी मान मूल संख्या प्रकट करेगा।

लेकिन यदि न का मान 40 हो तो सूत्र का मान होगा 1681, जिसे कि 41 द्वारा भाग देना सम्भव है। अतः यह सूत्र भी अनुपयोगी सिद्ध हुआ।

सन् 1640 में फ्रेंच गणितज्ञ फर्मा ने सोचा कि उसने एक सूत्र खोज लिया है, जो केवल मूल संख्याएं ही प्रकट करेगा। उसका सूत्र था 2^{2} न $+ 1$, जबकि 'न' एक प्राकृतिक संख्या हो। इस प्रकार प्रथम पांच 'फर्मा-संख्याएं' हैं :

$$2^{2} + 1 = 2^{1} + 1 = 3 \qquad (\because \text{क}^{\circ} = 1)$$

$$2^{2^{1}} + 1 = 2^{2} + 1 = 5$$

$$2^{2^{2}} + 1 = 2^{4} + 1 = 17$$

$$2^{2^{3}} + 1 = 2^{8} + 1 = 257$$

$$2^{3^{4}} + 1 = 2^{16} + 1 = 65537$$

उपरोक्त सभी संख्याएं मूल संख्या हैं। परन्तु क्या यह सूत्र हमेशा आगे भी मूल संख्याएं ही प्रकट करता जाएगा?

फर्मा के एक शताब्दी बाद प्रसिद्ध गणितज्ञ आउलर ने पता लगाया कि 'छुटी फर्मा संख्या', $2^{2^{5}} + 1 = 4294967297$ एक मूल संख्या नहीं है। यह संख्या वास्तव में 641 और 6700417 का गुणनफल है। बाद में और भी ऐसी फर्मा-संख्याओं का पता लगा जो मूल संख्याएं नहीं हैं। अतः फर्मा का सूत्र भी अनुपयोगी साबित हुआ।

इस विवेचन में हम और अधिक नहीं जाएंगे। इतना ही कहना पर्याप्त होगा कि अभी तक हमें ऐसे किसी भी सूत्र का पता नहीं लगा, जो केवल मूल संख्याओं को ही प्रकट करे। गणितज्ञों के लिए आज भी यह सवाल एक पहेली है।

× × ×

फर्मा से सम्बन्धित एक और पहेली है, जो गणित-शास्त्र में काफी वाद-विवाद के बाद भी अनुत्तरित पड़ी है। प्राचीन ग्रीक गणितीय ग्रन्थों में एक प्रसिद्ध ग्रन्थ है 'डायोफेन्टस का गणित संग्रह'। फर्मा (सन् 1601-1661) की मृत्यु के बाद उनके ग्रन्थ-संग्रह में एक डायोफेन्टस की पुस्तक मिली। एक पृष्ठ के हाशिये में लिखा मिला : (लैटिन में)

"मैंने सिद्ध किया है कि 'क्ष^{म} + य^{म} = झ^{म}', सम्बन्ध प्राकृतिक संख्याओं के लिए (1, 2, 3, 4, ...) असम्भव है। (क्ष, य, झ शून्य से भिन्न हैं और म 2 से अधिक है); परन्तु इस हाशिये में इतनी जगह नहीं है कि मैं यहां पर इसका प्रूफ दे सकूं।"

इस वर्ष (सन् 1961) फर्मा को गुजरे तीन सौ वर्ष हो चुके हैं कि अभी तक उस प्रूफ को हम नहीं खोज सके, जिसे स्थान की कमी के कारण फर्मा साहब हाशिये पर नहीं लिख सके।

मान लीजिए कि चित्र के त्रिकोण की 3 भुजाओं की लम्बाई क्रमशः 3, 4, 5 है। तब पाइथागोरस की सिद्धि हमें बताती है कि इनमें $3^2 + 4^2 = 5^2$ का सम्बन्ध है।

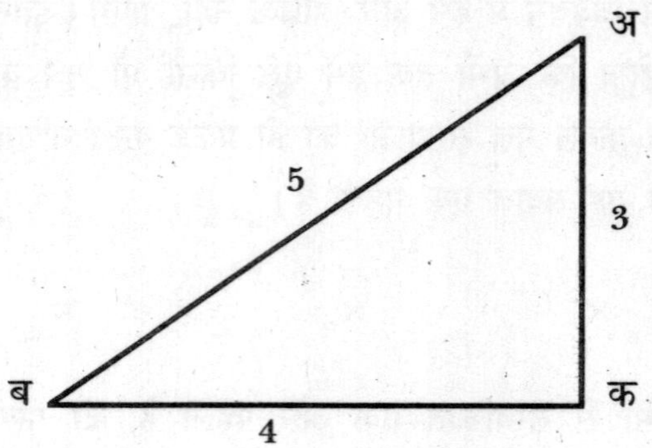

अब, 3, 4, 5 की जगह कोई भी प्राकृतिक संख्या हो और 2 की बजाय कोई दूसरा 'इंडेक्स' हो तो क्या उपरोक्त समीकरण तब भी सम्भव होगा? जैसे :

$अ^3 + ब^3 = क^3$... (1)

या $अ^4 + ब^4 = क^4$... (2)

या $अ^{100} + ब^{100} = क^{100}$... (3)

[अ, ब, क चाहे कोई भी प्राकृतिक संख्या हो।]

फर्मा ने हाशिये में लिखा था 2 से बड़े इंडेक्स के लिए उपरोक्त सम्बन्ध सही नहीं हो सकता। जैसे अ ब क का आप जो चाहे मान रखें $अ^3 + ब^3 = क^3$ सम्बन्ध असम्भव है।

यहां तक तो हुई ऐतिहासिक जानकारी की बात। फर्मा की विशेषता है कि वे इस 'असम्भव' का प्रमाण भी दे सकते थे परन्तु, स्थानाभाव के कारण नहीं दे पाए और गणित-जगत् में एक बहुत बड़ी पहेली को अपने पीछे छोड़ गए।

अब तक हम मात्र इतना ही पता लगा पाए हैं कि म के 100 तक के मानों के लिए यह सम्बन्ध असम्भव है। इसके आगे हम कुछ भी नहीं बता सकते।

गणित-शास्त्र की यह विशेषता है कि यदि कोई किसी सम्बन्ध को सम्भव मानता है तो इसके लिए प्रमाण उपस्थित करना पड़ेगा और यदि असम्भव मानता है तो इसके लिए भी प्रमाण देना होगा।

सन् 1908 में जर्मनी के प्रो. पाल वोल्फस्केल ने इस पहेली को सुलझाने वाले के लिए 100,000 मार्क का इनाम छोड़ रखा है। यह इनाम अभी प्रतीक्षा कर रहा है—आपकी।

ज्यामितीय पहेलियां

दृष्टिभ्रम

कुछ लोग सुनी हुई बात की अपेक्षा देखी हुई बात पर विश्वास करना अधिक पसन्द करते हैं। तो आइए, हम नीचे के चित्रों को देखें–

चित्र : 1

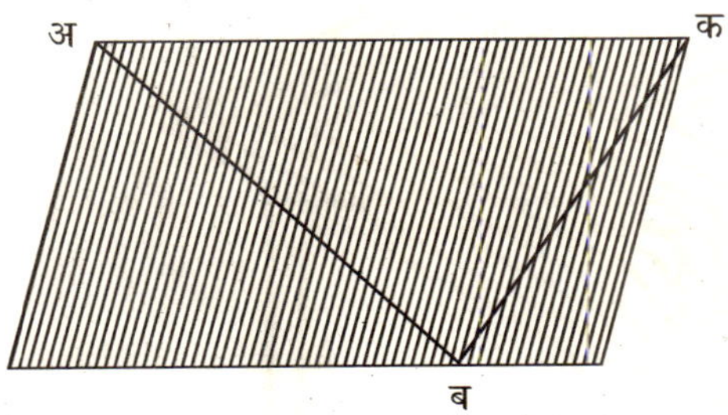

चित्र : 2

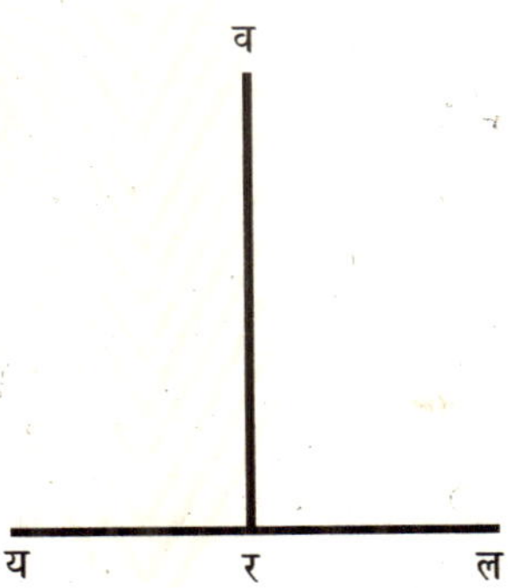

चित्र : 3

चित्र : 4

चित्र : 5

चित्र : 6

चित्र 1 में रेखा-खंड र य स्पष्ट रूप से ल र रेखा-खंड से छोटा दीखता है परन्तु, मापने पर स्पष्ट हो जाएगा कि दोनों रेखा-खंड बराबर हैं।

चित्र 2 में भी अ ब रेखा और ब क रेखा बराबर लम्बी हैं।

उसी प्रकार, चित्र 3 की य ल और व र रेखाएं बराबर लम्बी हैं।

चित्र 4 और 5 की अ ब और क ख रेखाएं, विश्वास कीजिए या मत कीजिए, समानान्तर हैं।

चित्र 6 का रेखांकन एक नियमित वर्ग है, किन्तु इसके एक कोण के ऊपर खींची गई रेखाओं के कारण यह वर्ग बहुत विकृत लगता है।

चित्र 7 में चित्तीदार पृष्ठभूमि पर भग्न किन्तु बिलकुल सकेन्द्र वृत्त खींचे गए हैं परन्तु आभास एक सर्पिल का होता है।

चित्र : 7

चित्र 8 का बड़ा वृत्त, बिना फिसले क ख रेखा पर एक पूर्ण चक्कर लगाता है। अतः क ख रेखा की दूरी बड़े वृत्त की परिधि के बराबर है परन्तु छोटा वृत्त भी क्योंकि बड़े वृत्त के साथ जुटा हुआ है, एक पूर्ण चक्कर लगाता है लेकिन, क्योंकि अ ब और क ख दूरियां बराबर हैं, दोनों वृत्तों की परिधियां भी बराबर हैं।

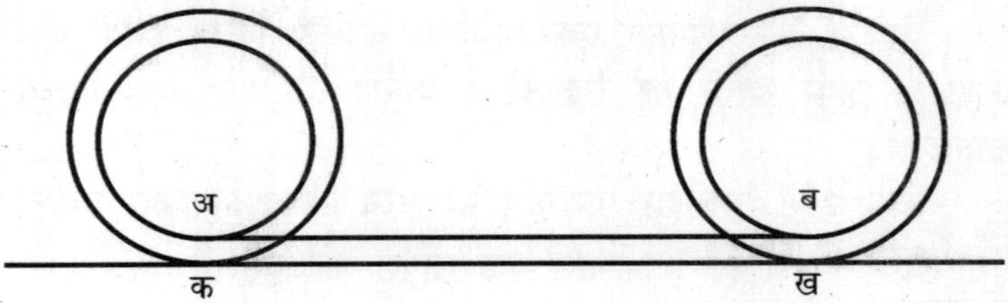

चित्र : 8

स्पष्टीकरण : यद्यपि वृत्त बिना फिसले ही घूमता है परन्तु छोटा वृत्त एक माने में फिसलता है। मान लीजिए कि ये दोनों वृत्त दो पहिए हैं—एक-दूसरे से मजबूत बंधे हैं। ये रेलों पर दौड़ रहे हैं (देखिए, चित्र : 9)। रेल ख रेल क के नीचे है और यह ब वृत्त को स्पर्श नहीं

चित्र : 9

करती। तब इस योजना का एक पूर्ण चक्कर, वृत्त-केन्द्र को, ख रेल पर, अ वृत्त की परिधि के बराबर आगे ले जाएगा। इसके विपरीत यदि ख रेल को और नीचे कर दिया जाए, (तब अ वृत्त ख रेल को स्पर्श नहीं करेगा) तो वृत्त-केन्द्र, एक चक्कर में, क रेल पर ब वृत्त की परिधि की दूरी के बराबर आगे बढ़ जाएगा। अब मान लीजिए कि प्रत्येक पहिया अपनी-अपनी रेल पर आधारित है। दोनों वृत्तों की परिधि बराबर नहीं हो सकती है—यह तथ्य कोई भी स्वीकार कर लेगा। अतः अ पहिया ख रेल पर बिना फिसले आगे बढ़ता है तो ब पहिये को कुछ मात्रा में, क रेल पर अवश्य फिसलना चाहिए और यदि ब पहिया क रेल पर बिना फिसले आगे बढ़ता है तो ख रेल पर अ पहिये को फिसलना होगा।

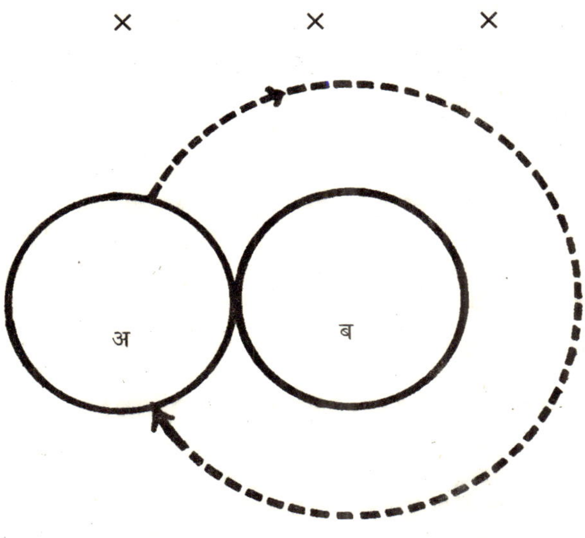

चित्र : इन दो समान वृत्तों—अ और ब पर विचार कीजिए।

तात्पर्य यह कि प्रत्येक पहिया रेल के साथ घड़ी के पहियों की तरह सम्बन्धित रहे तो गति असम्भव हो जाएगी।

यदि ब को स्थिर रखा जाए और अ को इसकी परिधि पर बिना फिसलाए घुमाया जाए, तो पुनः अपनी आरम्भिक स्थिति पर लौट आने तक अ अपने केन्द्र पर कितने चक्कर लगाएगा?

बहुत सम्भव है कि प्रथम विचार में आपका उत्तर गलत हो। आप सोचेंगे, क्योंकि दोनों वृत्तों की परिधियां समान और क्योंकि अ की परिधि ब की परिधि के साथ सटी रहेगी, अ अपने केन्द्र का एक चक्कर लगाएगा परन्तु, यदि आप इस समस्या का दो समान गोलाकार सिक्कों से परीक्षण करते हैं तो आपकी यह धारणा गलत साबित होगी। आप देखेंगे कि अ 2 चक्कर लगाता है। परीक्षण करके देखिए, यदि विश्वास न हो तो!

× × ×

स्कूल में, विद्यार्थियों से प्रायः पूछा जाता है–

किसी प्रयोग द्वारा यह सिद्ध कीजिए कि त्रिभुज के तीनों कोणों का योग 180^0 होता है। विद्यार्थी प्रायः एक त्रिभुज कागज को लेते हैं; इसके तीनों कोण काटते हैं और नीचे के चित्र की तरह इन्हें रखते हैं। अब हम देखेंगे कि यह तरीका कितना धोखा देता है।

कल्पना कीजिए कि हम कागज का एक वर्ग टुकड़ा लेते हैं और इसे 64 लघुवर्गों में विभाजित करते हैं, जैसे कि शतरंज-पटल पर होते हैं। फिर हम इसे, जैसा कि नीचे के चित्र में दिखाया गया है, 2 चतुर्भुजों और 2 त्रिभुजों में काटते हैं। फिर इन टुकड़ों से चित्र ब की

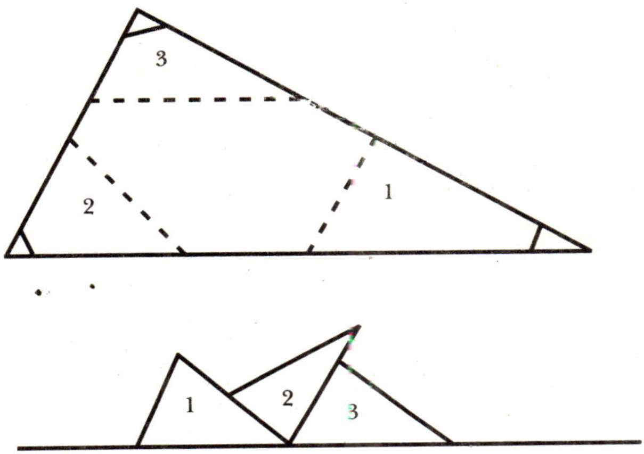

चित्र : त्रिभुज के कोणों का योग 180^0 होता है

तरह से एक दूसरे चतुर्भुज की रचना करते हैं। अब इस नए चतुर्भुज की भुजाएं क्रमशः 5 और 13 इकाइयां लम्बी होंगी; अर्थात् इस नए चतुर्भुज का वर्गफल $5 \times 13 = 65$ वर्ग–इकाइयां हुआ, परन्तु पहले चतुर्भुज का वर्गफल $8 \times 8 = 64$ वर्ग-इकाइयां था। यह अतिरिक्त 1 वर्ग-इकाई कहां से आई?

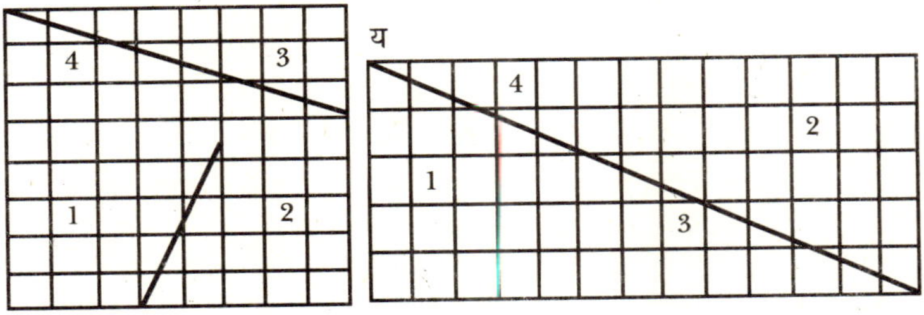

(अ) (ब)

बात यह है कि (अ) के 1, 2, 3 और 4 टुकड़े (ब) के रूप में बिठाने पर ठीक-ठीक य र विकर्ण के साथ संलग्न नहीं होते, बल्कि एक बहुत ही छोटा समानान्तर चतुर्भुज बनाते हैं। इस लघु समानान्तर चतुर्भुज को बहुत ही बड़ा बनाकर देखा जाए तो यह (क) चित्र के समान दिखाई देगा। इस लघु चतुर्भुज का वर्गफल 1 इकाई है। ल य व कोण इतना लघु होता है कि इसे हम देख ही नहीं सकते।

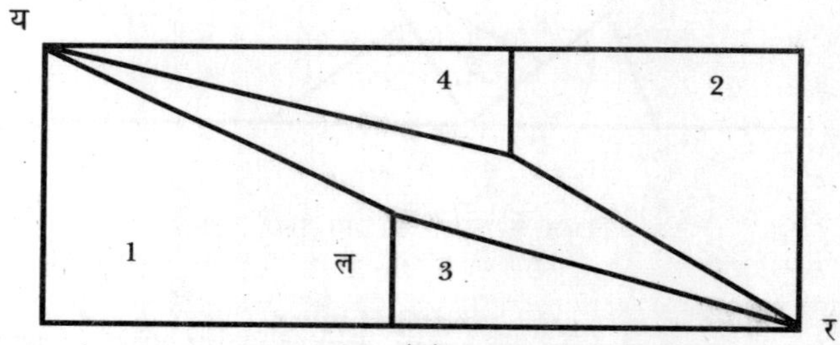

(क)

चित्र : वर्ग का विभाजन और पुनर्रचना

कोनिक्सबर्ग के पुल

गणितशास्त्र के इतिहास में कुछ ऐसी भी पहेलियां हैं, जिनको हल करने के प्रयत्नों ने नए-नए गणितांगों को जन्म दिया है क्योंकि ऐसी पहेलियों का गणितशास्त्र के अध्ययन में महत्त्वपूर्ण स्थान है, इस पुस्तक में हम इनकी चर्चा करेंगे। यहां पर हम एक ऐसी पहेली को प्रस्तुत करने जा रहे हैं, जिसने एक बहुत ही महत्त्वपूर्ण गणितांग को जन्म दिया। इसे उच्च गणित के अध्येता 'टॉपोलॉजी (Topology) के नाम से जानते हैं।

इस पहेली को महान् गणितज्ञ आउलर (सन् 1707-83) ने सन् 1736 में प्रकाशित किया था।

जर्मनी के कोनिक्सबर्ग शहर में प्रेगेल नामक नदी बहती है। आउलर के समय में इस नदी के बीच 2 द्वीप थे, जो कि आपस में और किनारों से 7 पुलों द्वारा सम्बन्धित थे। (देखिए चित्र)

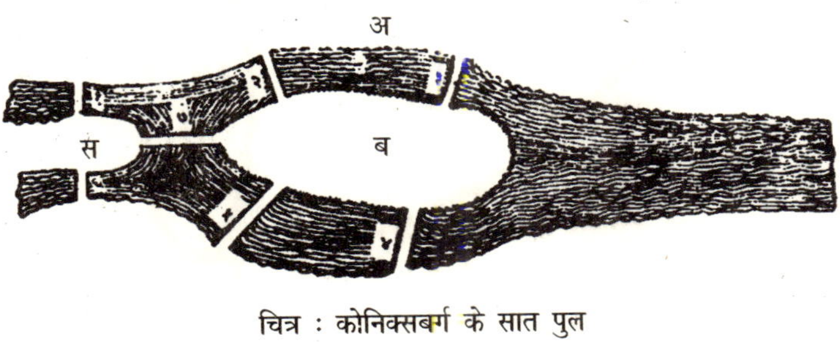

चित्र : कोनिक्सबर्ग के सात पुल

कोनिक्सबर्ग में प्रायः इस बात की चर्चा उठती—क्या यह सम्भव है कि एक व्यक्ति शहर के किसी स्थान से चलना आरम्भ करे, एक बार और केवल एक बार सभी पुलों को पार करे, और पुनः अपने आरम्भिक स्थान पर लौट आए? किसी भी व्यक्ति को इसमें सफलता नहीं मिली, लेकिन इसके विपरीत कोई भी यह 'सिद्ध' नहीं कर सका कि इस प्रकार का मार्ग सम्भव नहीं है। आउलर ने इस समस्या के बारे में सुना और इसके हल में जुट गया। ("आपको मात्र इतना बताना होगा कि यह बात असम्भव है और फिर कोई गणितज्ञ इसको 'सिद्ध' करने में जुट जाएगा!"—एक कहावत) उसने देखा कि ऊपर के जटिल चित्र को आगे के सरल चित्र द्वारा प्रकट किया जाए तो समस्या वही रहती है और यहीं से गणित में टॉपोलॉजीकल तरीकों की शुरुआत होती है।

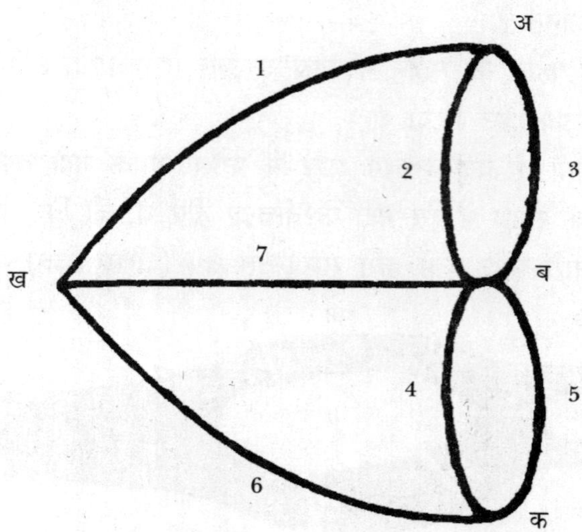

चित्र : कोनिक्सबर्ग पहेली का सरलीकरण

तब पहले की समस्या इस रूप में हमारे सामने आती है—क्या यह सम्भव है कि किसी भी स्थान से शुरू करके, एक पेन्सिल द्वारा, पेन्सिल को कागज पर से बिना उठाए, एक बार और केवल एक बार सभी रेखाओं से गुजरकर हम अपने आरम्भिक स्थान पर लौट आ सकें।

आउलर ने यह सिद्ध कर दिखाया कि ऐसा कर सकना 'असम्भव' है।

नक्शे के लिए कितने रंग?

नक्शे तैयार करनेवालों का यह अनुभव है कि समतल या गोल पर देशों को दर्शाने के लिए केवल चार रंगों की जरूरत पड़ती है। किसी भूखंड में यदि 1, 2, 3 या 4 देश हों तो इसे रंगने के लिए चार या इससे कम रंग पर्याप्त हैं। इसके पहले कि हम इस पहेली की चर्चा को आगे बढ़ाएं, एक भ्रम दूर कर देना उचित होगा।

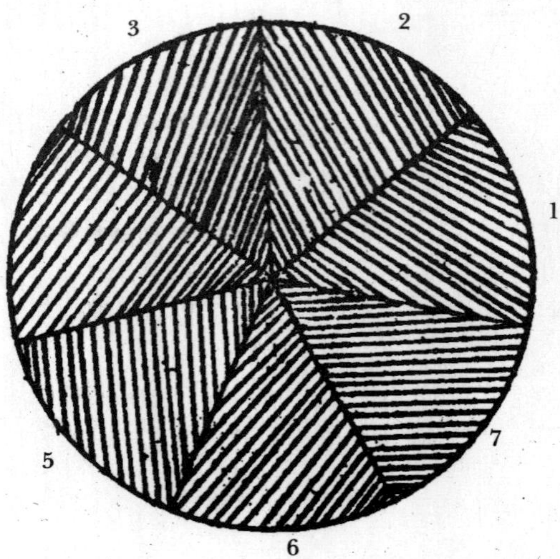

चित्र (अ) : सात देशों के इस नक्शे के लिए 3 रंग पर्याप्त हैं।

चित्र अ को देखकर आपको लगेगा कि इसको रंगने के लिए हमें 7 रंगों की जरूरत पड़ेगी; परन्तु हमें समस्या के इस नियम का खयाल रखना चाहिए कि यदि दो देश केवल एक बिन्दु पर मिलते हैं—एक रेखा पर नहीं मिलते—तो उन दोनों को एक ही रंग में रंगा जा सकता है। अतः चित्र अ के नक्शे के लिए 3 ही विभिन्न रंग पर्याप्त हैं।

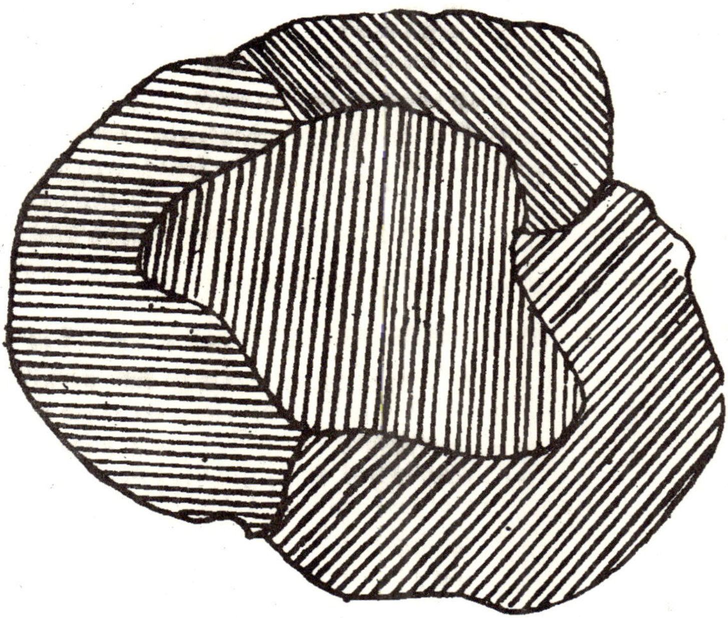

चित्र (ब) : चार देशों के इस नक्शे के लिए चार रंगों की आवश्यकता है।

अब हम चित्र ब पर विचार करेंगे। इस चित्र में 4 देश हैं और प्रत्येक देश दूसरे 3 देशों को स्पर्श करता है। स्पष्ट है कि इस नक्शे को रंगने के लिए चार विभिन्न रंगों की आवश्यकता है। किन्तु अभी

तक किसी को भी ऐसा नक्शा खींचने में सफलता नहीं मिली, जिसमें 5 देश हों और इनमें का प्रत्येक देश दूसरे चार देशों की रेखाओं पर स्पर्श करता हो।

चित्र ब के नक्शे से यह स्पष्ट हो जाता है कि इस नक्शे को रंगने के लिए 4 रंग आवश्यक हैं। फिर भी तथ्य यह है कि किसी को भी अभी तक ऐसा नक्शा बनाने में सफलता नहीं मिली, जिसके लिए 4 रंग पर्याप्त न हों, अर्थात् हमारे पास इस बात का कोई 'प्रमाण' नहीं है कि 4 रंग पर्याप्त हैं।

हां, यह 'सिद्ध' किया जा चुका है कि 5 रंग पर्याप्त हैं। यद्यपि यह आशा की जाती है कि सभी प्रकार के नक्शों के लिए 4 रंग पर्याप्त होंगे, हम इस 'आशा' को अभी तक सिद्ध नहीं कर पाए हैं। गणितज्ञों के लिए इस पहेली का इतना महत्त्व है कि शायद ही कोई महीना खाली जाता हो, जबकि किसी गणित-जर्नल में आप इस पहेली पर कोई-न-कोई गवेषणा न पढ़ें। किन्तु वास्तविक पहेली है समतल या गोलीय।

प्रायिकता-सिद्धान्त
(Theory of Probability)
की पहेलियां

प्रायिकता-सिद्धान्त (Theory of Probability) की पहेलियां

"कल्पना कीजिए कि ताश के दो खिलाड़ी अ और ब दांव पर 12 रुपये लगाते हैं। इसमें दोनों का हिस्सा बराबर है। दोनों का करार होता है कि जो भी खिलाड़ी पहले 3 पाइंड बना लेगा, पूरा दांव वही जीत लेगा। अ द्वारा 2 पाइंट और ब द्वारा 1 पाइंट बना लेने के अनन्तर, दोनों खेल बन्द कर देते हैं। प्रश्न है—दांव को वे लोग आपस में कैसे बांट लें?"

उपरोक्त सवाल एक पेशेवर जुआरी केवेलियर डे मेयर ने फ्रांस के महान् गणितज्ञ पास्कल (सन् 1623-62) के सामने रखा था। और इसी सवाल, जुए की इसी पहेली के साथ गणितशास्त्र के एक अत्यधिक महत्त्वपूर्ण क्षेत्र का जन्म हुआ।

यह सवाल आपको काफी सरल प्रतीत होता होगा। आप सोचते होंगे—क्योंकि अ के पाउंट ब के दुगुने हैं, अ का हिस्सा भी ब से दुगुना होना चाहिए अर्थात्, अ 8 रुपये लेगा और ब 4 रुपये। लेकिन अब कल्पना कीजिए कि खिलाड़ी अगला पाइंट भी खेलते हैं। आपसी समझौते से ही वे इस पाइंट को नहीं खेले थे। यदि अ इस पाइंट को जीतता है, तो पूरा दांव—12 रुपये—उसी को मिलता

है। यदि वह हार जाता है तो दोनों के बराबर 2-2 पाइंट होते हैं और वे दोनों 12 रुपये आपस में बराबर बांट लेते हैं। अतः अ को किसी भी हालत में 6 रुपये मिल ही जाते हैं और यदि अ द्वारा अगला पाइंट जीतने की आधी सम्भावना है, तो शेष 6 रुपये में उसका आधा हिस्सा होगा, अर्थात् अ 9 रुपये लेगा और ब 3 रुपये।

यदि अ और ब अपनी आरम्भिक शर्त पर टिके रहते हैं तो स्पष्ट है कि दूसरा उत्तर सही है और यदि, बीच में खेल बन्द होने पर दांव को पाइंट के अनुपात में बांट लेने की शर्त होती है तो पहला उत्तर सही है।

इसके पहले कि हम इस दुविधा की गहराई में उतरें, अच्छा होगा कि पहले हम प्रायिकता-सिद्धान्त-सम्बन्धी कुछ मूल बातें जान लें। इसे हम निम्न शर्त-संवाद द्वारा समझाने का प्रयत्न करेंगे–

भोजन के बाद बातचीत शुरू हुई–किसी घटना की प्रायिकता (Probability) पर। एक तरुण गणितज्ञ ने अपनी जेब से एक सिक्का निकाला और कहा–

"देखिए, इस सिक्के को मैं मेज पर उछालता हूं। यह चित गिरे, इसकी सम्भावना या प्रायिकता कितनी है?"

"पहले आप यह बताइए कि यह प्रायिकता क्या है?" सबने एक साथ कहा।

"यह तो एक सरल बात है। सिक्के की दो ही सम्भावनाएं हैं–या तो यह चित गिरेगा या पट। इन दोनों में से केवल एक ही बात घटित होगी। इस प्रकार हम निम्न सम्बन्ध को प्राप्त करते हैं :

$$\frac{\text{अपेक्षित घटनाओं की संख्या}}{\text{संभावित घटनाओं की संख्या}} = \frac{1}{2}$$

"यह $\frac{1}{2}$ भिन्न सिक्के के चित पड़ने की प्रायिकता दर्शाता है।"

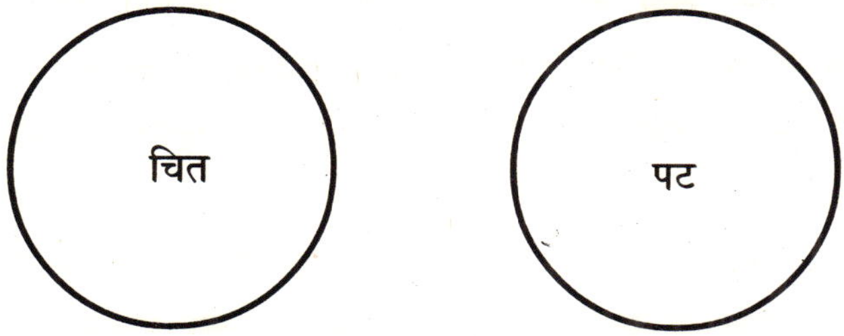

"एक सिक्के के साथ तो यह सरल लगता है," किसी ने बीच में टोका "किसी जटिल वस्तु, जैसे पांसे के साथ, इसे समझाइए तो।"

"ठीक है," गणितज्ञ ने कहा, "आओ, हम एक पांसे को लें। यह घनाकार होता है और इसके प्रत्येक भाग पर संख्याएं होती हैं–1 से 6 तक। (देखिए चित्र)

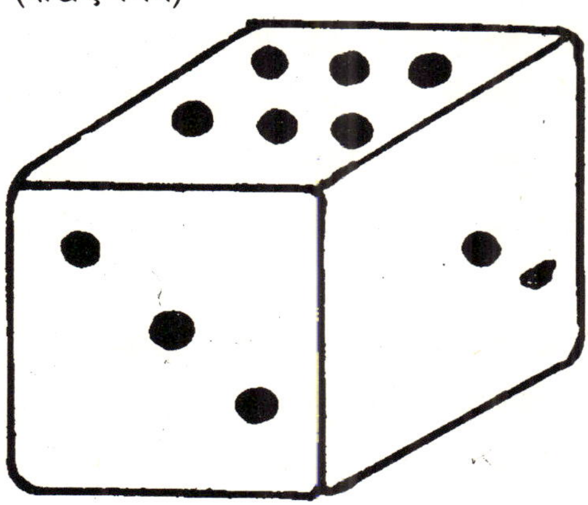

चित्र : पांसा

“अब, पहले ही दांव में 6 आने की क्या प्रायिकता है? कुल सम्भावनाएं कितनी हैं? क्योंकि घन के 6 चेहरे हैं, अतः 1 से 6 तक कोई भी संख्या आ सकती है। लेकिन हम चाहते हैं 6 को। इस केस में सम्भावना या प्रायिकता है : $\frac{1}{6}$।”

“क्या किसी भी घटना की प्रायिकता निकालना सम्भव है?” कुसुम ने पूछा, “मेरा अनुमान है कि खिड़की के सामने से गुजरने वाला पहला व्यक्ति एक पुरुष होगा। मेरे इस अनुमान की प्रायिकता क्या है?”

“प्रायिकता $\frac{1}{2}$ है, यदि हम यह मान लेते हैं कि एक वर्ष का शिशु–बालक भी पुरुष है और संसार में स्त्री और पुरुषों की संख्या बराबर है।”

“और प्रथम दो व्यक्ति पुरुष ही होंगे, इस घटना की प्रायिकता क्या है?” एक दूसरे व्यक्ति ने पूछा।

“प्रथम हम विभिन्न सम्भावनाओं पर विचार करेंगे। प्रथम, यह सम्भव है कि दोनों ही पुरुष होंगे। दूसरे, पहला आदमी हो सकता है, दूसरी स्त्री। तीसरे, पहली स्त्री हो सकती है, दूसरा पुरुष। चौथे, दोनों औरतें हो सकती हैं। अतः 4 प्रकार की विभिन्न समस्याएं हैं और इनमें से केवल एक सम्भावना की हमें अपेक्षा है। अतः इस अपेक्षित घटना की प्रायिकता $\frac{1}{4}$ है। यही आपके प्रश्न का उत्तर है।”

“यह तो समझ में आ गया। लेकिन यदि तीन पुरुषों का प्रश्न हो तो? हमारी खिड़की के सामने से गुजरने वाले प्रथम तीन व्यक्ति लगातार पुरुष ही हों, इस घटना की प्रायिकता क्या है?”

"प्रथम हम विभिन्न सम्भावनाओं पर विचार करेंगे। ऊपर हम देख चुके हैं कि दो राहगीरों के लिए 4 विभिन्न सम्भावनाएं हैं। एक और राहगीर को जोड़ने से सम्भावनाएं दुगुनी हो जाती हैं, क्योंकि दो राहगीरों की 4 सम्भावनाओं में से प्रत्येक में हम एक पुरुष या एक स्त्री जोड़ सकते हैं। अतः इस उदाहरण में 8 विभिन्न सम्भावनाएं हैं। स्पष्ट है कि प्रायिकता $\frac{1}{8}$ होगी, क्योंकि 8 में से केवल एक ही सम्भावना की हमें अपेक्षा है। प्रायिकता निकालने का तरीका है : दो राहगीरों के उदाहरण में प्रायिकता होगी $\frac{1}{2}\times\frac{1}{2}=\frac{1}{4}$; और तीन राहगीरों के उदाहरण में $\frac{1}{2}\times\frac{1}{2}\times\frac{1}{2}=\frac{1}{8}$। आप देखेंगे कि हर बार प्रायिकता कम-कम होती जाती है।"

"10 राहगीरों के लिए क्या प्रायिकता होगी?"

"आपका मतलब है कि प्रथम दस राहगीर लगातार पुरुष ही हों, इसकी प्रायिकता क्या है? यह होगी $\frac{1}{2}\times\frac{1}{2}\times\frac{1}{2}\times\frac{1}{2}\times\frac{1}{2}\times\frac{1}{2}\times\frac{1}{2}\times\frac{1}{2}\times\frac{1}{2}\times\frac{1}{2}=\frac{1}{1040}$। यदि आप इस घटना के घटित होने पर 1 रुपये की शर्त लगाते हैं तो इस घटना के नहीं घटित होने पर मैं 1000 की शर्त लगाता हूं।"

"शर्त तो बड़ी लुभावनी है!" मंडली में से एक व्यक्ति ने कहा, "मैं तो 1000 रुपये के लिए 1 रुपये से भी अधिक की शर्त लगा सकता हूं।"

"लेकिन यह मत भूलिए कि इस शर्त को जीतने की सम्भावना 1000 में केवल एक है।"

"कोई परवाह नहीं। 1000 रुपये के लिए 1 रुपया लगाने के लिए तो मैं यहां तक तैयार हूं कि प्रथम 100 राहगीर पुरुष ही होंगे।"

"आप जानते हैं कि इस सम्भावना की प्रायिकता कितनी कम है?"

"सम्भवतः दस लाख से एक।"

"नहीं, इससे भी बहुत कम। दस लाख में एक तो केवल 20 राहगीरों की सम्भावना होगी। 100 राहगीर पुरुष ही हों इसकी सम्भावना की प्रायिकता है–

$$\frac{1}{1,000,000,000,000,000,000,000,000,000,000}$$

"बस, इतनी ही?"

"क्या आप इसे कम समझते हैं? इतनी तो समुद्र में बूंदें भी नहीं है।"

"खैर; आप मेरे एक रुपये के विरुद्ध कितने की शर्त लगाते हैं?"

"हां-हां, सभी कुछ। सभी कुछ जो मेरे पास है।"

"सभी कुछ? यह तो बहुत अधिक होगा। मैं अपने रुपये के बदले में आपकी साइकिल ही पसन्द करूंगा।"

"लेकिन क्या तुम यह नहीं जानते कि तुम कभी जीत नहीं सकते। तुम्हें साइकिल कभी भी नहीं मिलेगी।"

"नहीं, यह शर्त मत लगाओ," गणितज्ञ के मित्र ने कहा, "एक रुपये के लिए, एक साइकिल की शर्त–सरासर पागलपन है।"

"लेकिन इसके विपरीत," गणितज्ञ ने कहा, "ऐसी स्थिति में एक रुपये की शर्त भी पागलपन है।"

"लेकिन कुछ तो सम्भावना है?"

"हां, सागर में एक बूंद—यही सम्भावना है। मैं यकीनन जीत जाऊंगा।"

इतने में बाहर से मिलीटरी बैंड की ध्वनि सुनाई दी और थोड़ी ही देर में सिपाहियों की एक पूरी पलटन सड़क पर से गुजरती सबने देखी।

विविध पहेलियां

विविध पहेलियां

दो पिता और दो पुत्र शहर छोड़ देते हैं।
इससे शहर की जनसंख्या में 3 की कमी होती है।
गलत?
नहीं; सही—यदि ये त्रिमूर्ति पितामह, पिता और पोता हों।

× × ×

एक आदमी ने एक वर्गाकार मकान बनाया और इसकी चारों दीवारों में खिड़कियां लगवाईं, जो सभी दक्षिण दिशा की ओर खुलती हैं।

पृथ्वी पर यह कहां और कैसे सम्भव है?

पृथ्वी पर केवल एक ही जगह ऐसी है।

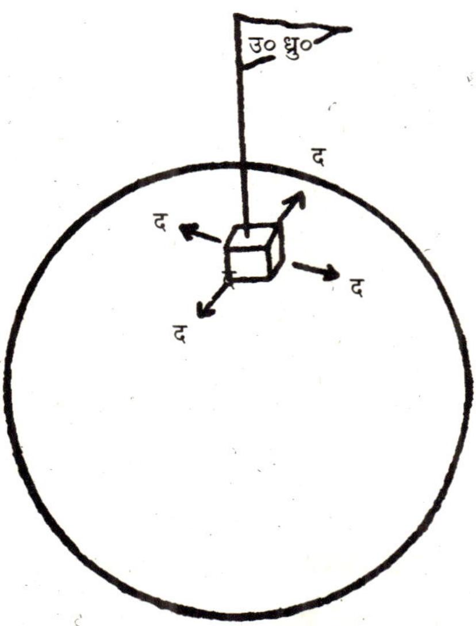

शायद आप समझ गए होंगे—उत्तर ध्रुव।

अच्छा, अब नीचे की पहेली आपको सरल प्रतीत होगी।

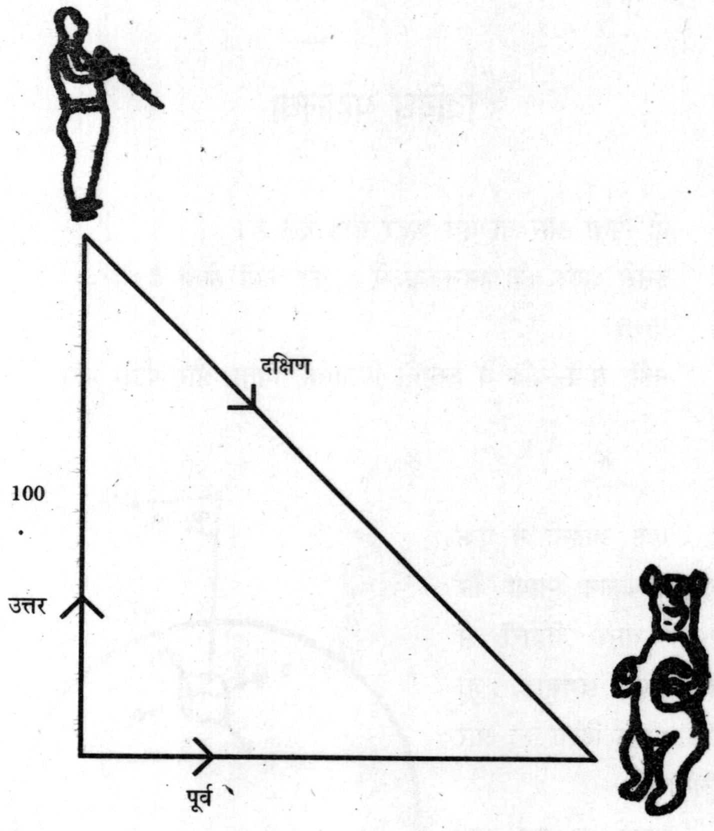

चित्र : भालू का शिकार

एक शिकारी भालू के शिकार के लिए निकला। यकायक पूर्व की ओर 100 गज की दूरी पर उसे एक बड़ा भालू दिखाई दिया।

भालू का यह उसका पहला शिकार था। वह डर गया। वह भागने लगा–भालू की विपरीत दिशा में नहीं बल्कि, घबराहट में सीधे उत्तर की ओर। 100 गज दौड़ने के बाद वह खड़ा हुआ। उसमें धैर्य जगा और तब वहां से उसने भालू को गोली से धराशायी कर दिया–सीधे दक्षिण की ओर गोली चलाकर।

फिर एक बार ध्यान से पढ़ लीजिए।

अब बताइए, भालू का रंग कैसा था?

उत्तर : सफेद। क्योंकि उपरोक्त दिशा-गमन उत्तर-ध्रुव पर सम्भव है और वहां के भालुओं का रंग सफेद होता है।

15 की पहेली

इस पहेली की कथा बहुत ही मनोरंजक है। इसमें एक वर्ग-बॉक्स होता है और इस वर्ग-बॉक्स पर 15 ब्लाक रखे होते हैं। जर्मन गणितज्ञ आरेन्स ने इस पहेली के बारे में लिखा है :

''सन् 1870 के आसपास अमेरिका में एक नई पहेली–'15 की पहेली' का प्रादुर्भाव हुआ। इसका प्रचार हवा की तरह से फैलता गया। यूरोप में भी यह पहेली पहुंची। प्रायः हर स्थान पर उस पहेली को सुलझाते हुए आपको अनेक पेशों वाले लोग मिल जाते।"

''सन् 1880 में इस पहेली का बुखार अपनी चरमोन्नति पर था परन्तु, गणितज्ञों ने जल्दी ही इस बुखार को भगा दिया।''

गणितज्ञों ने स्पष्ट कर दिया कि आप चाहे लाख कोशिश करें, कुछ प्रश्न, कुछ पहेलियां हमेशा ही अनुत्तरित रहेंगी। इस पहेली के निर्माता सैम लॉयड महाशय ने, इस पहेली को हल करनेवाले के लिए एक हजार डॉलर का इनाम भी रखा।

इस पहेली के बारे में स्वयं लॉयड ने लिखा है–

''पहेलियों के शौकीन लोग जानते होंगे कि किस प्रकार 1870 में मैंने एक बुद्धि को झकझोर देनेवाली पहेली का निर्माण करके संसार में तहलका मचा दिया। यह थी–'15 की पहेली।' इसमें 13 ब्लॉक तो

नियमित क्रम में रखे गए थे और केवल दो '14 और 15', '14, 15' के क्रम में न रखकर '15, 14' के क्रम में रखे गए थे। (देखिए चित्र स्थिति 2 :)। समस्या थी—एक समय केवल एक ब्लॉक को सरकाकर 14 और 15 ब्लॉक को नियमित क्रम में लाया जाए।"

"यद्यपि लोगों ने खूब कोशिश की, कोई भी इस हजार डॉलर के इनाम को नहीं जीत सका।"

1	2	3	4
5	6	7	8
9	10	11	12
13	14	15	

स्थिति 1 : ब्लॉकों का नियमित क्रम

1	2	3	4
5	6	7	8
9	10	11	12
13	15	14	

स्थिति 2 : ब्लॉकों का अनियमित क्रम

पाठकों को इस पहेली की मात्र रूपरेखा हम बता पाएंगे। वैसे यह पहेली बहुत ही जटिल है और इसे पूर्ण रूप से समझने के लिए उच्च गणित का अध्ययन आवश्यक है। गणितज्ञ आरेन्स ने इसके बारे में लिखा है–

प्रश्न है : खाली जगह का उपयोग करके ब्लॉकों को इस प्रकार सरकाया जाए कि अन्त में सभी 15 ब्लॉक नियमित क्रम में व्यवस्थित हो जाएं–जैसे कि स्थिति 1 में दर्शाया गया है।

थोड़ी देर के लिए मान लीजिए कि सभी ब्लॉक अव्यवस्थित रूप में रखे गए हैं। कुछ चालों के बाद, 1 को अपने ठीक स्थान पर लाना हमेशा सम्भव है।

बिना ब्लॉक 1 को हाथ लगाए, 2 ब्लॉक को भी अपने ठीक स्थान पर लाना सम्भव है। उसके बाद 1 और 2 को बिना हाथ लगाए 3 और 4 को हम उनके ठीक स्थानों पर ला सकते हैं। यदि ये अन्तिम दो कॉलम में नहीं हैं तो हम इन्हें इनके अपने ठीक स्थान पर ला सकते हैं। अब ऊपर की पंक्ति–1, 2, 3, 4 व्यवस्थित हो गई है और आगे की चालों में ये चार ब्लॉक अछूते रहेंगे। इसी प्रकार दूसरी पंक्ति के 5, 6, 7 और 8 ब्लॉकों को हम उचित स्थानों में रखेंगे। यह भी सम्भव है। फिर अगली दो पंक्तियों में 9 और 13 को हम उनके उचित स्थानों पर रखेंगे। एक बार व्यवस्थित हो जाने पर ये ब्लॉक–1, 2, 3, 4, 5, 6, 7, 8, 9 और 13–अपने स्थानों से हटाए नहीं जाएंगे। अब केवल 6 ब्लॉक शेष रह जाते हैं–इनमें से एक खाली है और शेष 10, 11, 12, 14 और 15 गोल-मोल स्थिति में हैं। ब्लॉक 10, 11 और 12 को चालों द्वारा उनके उचित स्थानों पर रखना हमेशा सम्भव है। अब ब्लॉक 14 और 15–नियमित या

अनियमित क्रम में शेष रह जाते हैं। इस प्रकार हम निम्न परिणाम पर पहुंचते हैं–

ब्लॉकों का किसी भी प्रकार का आरम्भिक सम्मिश्रण अन्त में स्थिति 1 या स्थिति 2 के रूप में लाया जा सकता है। (देखिए चित्र)

यदि कोई सम्मिश्रण, जिसे संक्षेप में हम 'स' का नाम देंगे, 'श' नामक किसी अन्य स्थिति में परिवर्तित हो सकता है, तो यह स्पष्ट है कि इसका विपरीत क्रम भी सम्भव है अर्थात्, स्थिति 'श' को स्थिति 'स' में परिवर्तित करना।

इस प्रकार सम्मिश्रण के दो क्रम हैं : एक द्वारा हम ब्लॉकों को स्थिति 1 के नियमित क्रम में लाते हैं और दूसरे द्वारा स्थिति 2 के क्रम में। और इसके विपरीत, स्थिति 1 के नियमित क्रम से हम प्रथम श्रेणी की कोई स्थिति प्राप्त कर सकते हैं और स्थिति 2 से द्वितीय श्रेणी की कोई भी स्थिति। अन्त में, किसी भी श्रेणी की दो स्थितियां बदली जा सकती हैं।

क्या स्थिति 1 को स्थिति 2 में बदलना सम्भव है? यह निश्चित रूप से सिद्ध किया जा सकता है कि चाहे जितनी चालें आप चलें, यह कार्य असम्भव है। अतः ब्लॉकों की स्थितियों की विशाल संख्या को हम दो श्रेणियों में विभाजित कर सकते हैं–प्रथम श्रेणी, जिसके द्वारा ब्लॉक नियमित रूप में रखे जा सकते हैं और दूसरी श्रेणी जिसके द्वारा ब्लॉक नियमित क्रम में नहीं रखे जा सकते। और इसी दूसरी स्थिति के लिए इनाम रखा गया था।

गणितीय खुलासे ने इस पहेली के भूत को हमेशा के लिए खत्म कर दिया। आधुनिक गणित ने खेलों-सम्बन्धी एक नए व्यापक सिद्धान्त को जन्म दिया है। अब किसी पहेली का उत्तर अनुमान या

तेज बुद्धि पर निर्भर नहीं करता, जैसा कि दूसरे खेलों में होता है। अब यह गणितीय सिद्धान्तों पर निर्भर करता है जो पहले ही उत्तर को पूर्ण रूप से निर्धारित कर देते हैं।

नीचे हम 2 ऐसी पहेलियां देते हैं, जिनका इच्छित उत्तर सम्भव है।

1	2	3	4
5	6	7	9
8	10	14	12
13	11	15	

चित्र 1

पहेली 1

चित्र 1 के ब्लॉकों को नियमित रूप में रखिए—और ऊपर के बाईं ओर के ब्लॉक को खाली छोड़िए, अर्थात् इन्हें चित्र 2 की स्थिति में बदलिए।

	1	2	3
4	5	6	7
8	9	10	11
12	13	14	15

चित्र 2

पहेली 2

स्थिति 1 वाले बॉक्स को लीजिए। इसे अपनी एक भुजा पर खड़ा कीजिए और ब्लॉकों को सरकाकर इन्हें चित्र 3 की स्थिति में लाइए।

4	8	12	
3	7	11	15
2	6	10	14
1	5	9	13

चित्र 3

× × ×

एक देवीजी एक जौहरी की दुकान पर अंगूठी खरीदने गईं। उन्होंने 100 रुपये कीमत की एक अंगूठी पसन्द की, सौ का नोट दिया और घर आईं।

दूसरे दिन पुनः वह उसी दुकान पर आईं, "इसे बदलकर मैं 200 रुपये की एक दूसरी अंगूठी लेना चाहती हूं।"

उन्होंने दूसरी अंगूठी पसन्द की। जौहरी को धन्यवाद दिया और वहां से चलने को तैयार हुईं।

जौहरी ने और 100 रुपये मांगे।

उन देवीजी ने कुछ रुलाई से कहा, "कल मैंने आपको 100 रुपये का नोट दिया और आज फिर 100 रुपये की अंगूठी दी। अतः अब मुझे अधिक देना नहीं है।"

इतना कहकर वह दुकान से चलती बनीं।

बेचारा बनिया सोचता रह गया। आप भी थोड़ा-सा सोचिए कि इस पहेली में क्या रहस्य है।

× × ×

एक महाशय ने नौकरी के लिए आवेदन-पत्र भेजा। उसने मैनेजर से कहा कि उसे प्रतिवर्ष दो हजार वेतन मिलना चाहिए।

लेकिन मैनेजर ने कुछ दूसरी तरह ही सोचा–

"एक वर्ष में 365 दिन होते हैं। आप प्रतिदिन आठ घंटे सोते हैं, कुल हुए 122 दिन। शेष बचते हैं–243 दिन।

"आप प्रतिदिन 8 घंटे आराम करते हैं–कुल 122 दिन हुए। शेष बचते हैं–121 दिन।

"वर्ष में 52 रविवार आप काम नहीं करते। शेष बचते हैं–69 दिन।

"हर शनिवार को आपको आधे दिन की छुट्टी मिलती है–कुल हुए 26 दिन। शेष बचे 43 दिन।

"ऑफिस-समय के बीच में एक घंटे की छुट्टी मिलती है–15 दिन हुए। शेष बचते हैं 28 दिन।

"इसके अतिरिक्त 14 दिन की आपको छुट्टी मिलती है। शेष बचे केवल 14 दिन।

"और फिर दिवाली-पूजा आदि की वर्षभर में 10 अतिरिक्त छुट्टियां होती हैं। शेष बचे 4 दिन।

"तो महाशय, क्या इन 4 दिन का वेतन आप दो हजार मांगते हैं?"

(थोड़ा सोचने पर इस पहेली का गुह्य आपकी समझ में आ जाएगा।)

× × ×

एक बड़ी कम्पनी ने एक शहर में नई शाखा खोली और तीन क्लर्कों के लिए विज्ञापन दिया। बहुत-से आवेदन-पत्रों में से मैनेजर ने तीन तरुण व्यक्तियों को चुना और उनसे कहा–

"2000 रुपये प्रतिवर्ष के हिसाब से आप लोगों का वेतन आरम्भ होगा। यदि आपका कार्य सन्तोषजनक होता है तो हम आप लोगों को प्रतिवर्ष 300 रुपये की या प्रति आधे वर्ष 100 रुपये की वृद्धि देंगे। इन दोनों में से आप कौन-सी वृद्धि पसन्द करेंगे?"

प्रथम दो आवेदकों ने प्रतिवर्ष 300 रुपये की वृद्धि स्वीकार कर ली परन्तु, तीसरे आवेदक ने थोड़ी देर सोचकर 100 रुपये प्रति आधे वर्ष वाली वृद्धि पसन्द की।

मैनेजर ने तीसरे व्यक्ति को प्रथम दो व्यक्तियों का मुखिया नियुक्त किया। क्यों? क्या इसलिए कि मैनेजर ने तीसरे की ईमानदारी पसन्द की, क्योंकि वह कम्पनी का पैसा बचाना चाहता था?

नहीं। वास्तव में तीसरे व्यक्ति को पहले दो व्यक्तियों से अधिक वेतन मिलेगा और इसकी इसी बुद्धिमानी के कारण मैनेजर ने उसे प्रथम दो व्यक्तियों का मुखिया नियुक्त किया। प्रथम दो व्यक्तियों ने सोचा कि प्रति आधे वर्ष की 100 रुपये वृद्धि प्रतिवर्ष 300 रुपये वृद्धि के बराबर होगी परन्तु उनका यह ख्याल गलत था। आपको भी विश्वास न हो तो देखिए :

प्रतिवर्ष 300 रुपये वृद्धि	प्रति आधे वर्ष 100 रुपये वृद्धि
पहला वर्ष :	
1000 + 1000 = 2000	1000 + 1100 = 2100
दूसरा वर्ष :	
1150 + 1150 = 2300	1200 + 1300 = 2500
तीसरा वर्ष :	
1300 + 1300 = 2600	1400 + 1500 = 2900
चौथा वर्ष :	
1450 + 1450 = 2900	1600 + 1700 = 3300

इस प्रकार हम देखते हैं कि तीसरे व्यक्ति का वेतन अन्य दो व्यक्तियों की अपेक्षा प्रतिवर्ष 100, 200, 300, 400...अधिक रहेगा।

× × ×

बहुत-से लोग औसत वेग के सवालों के बारे में गलतियां कर बैठते हैं। नीचे के सवाल पर विचार कीजिए :

सवाल है—एक व्यक्ति अपनी कार को, प्रति घंटे 15 मील के वेग से एक मील दूरी तय करके, पर्वत शिखर पर ले जाता है। दूसरी ओर एक मील नीचे उतरने के लिए उसे अपनी कार का वेग क्या रखना होगा ताकि पूरे 2 मील का फासला वह प्रति घंटे 30 मील की औसत से तय कर ले?

प्रथम, इस सवाल पर हम यूं विचार करेंगे : पूरी 2 मील की दूरी 30 मील प्रति घंटे के हिसाब से तय करें, इसके लिए उसे उतरते समय अपनी कार का वेग प्रति घंटे 45 मील रखना होगा, क्योंकि 15 और 45 का औसत हुआ $\frac{(15+45)}{2} = 30$

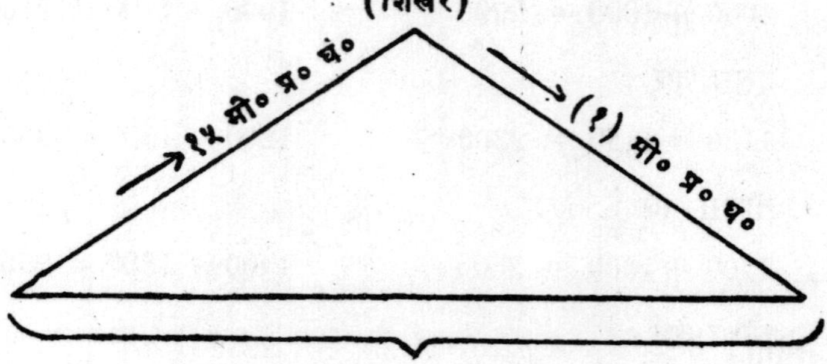

2 मील के लिए औसत वेग 30 मील प्र.घ.

अब हम इस सवाल पर एक दूसरे पहलू से विचार करेंगे : हम जानते हैं कि "दूरी = वेग × समय" या समय = $\frac{\text{दूरी}}{\text{वेग}}$"।

इस सूत्र के अनुसार, 30 मील औसत से 2 मील दूरी तय करने के लिए $\frac{3}{30}$ घंटा या 4 मिनट का समय लगेगा। फिर, 15 मील प्रति घंटे से 1 मील दूरी तय करने में $\frac{1}{15}$ घंटा या 4 मिनट का समय लगेगा। तात्पर्य यह है कि उस व्यक्ति को 2 मील की उतरती दूरी शून्य समय में तय करनी पड़ेगी।

इन दो उत्तरों में से कौन-सा उत्तर सही है? तरीका तो दूसरे उत्तर का ही सही है। यात्रा का औसत वेग तो हमेशा 'सम्पूर्ण दूरी' को 'सम्पूर्ण समय' से भाग देने पर ही प्राप्त होता है। प्रथम विवेचन में—वह व्यक्ति प्रथम मील को 15 मील प्रति घंटे के वेग से तय करता है और दूसरा मील 45 मील प्रति घंटे के वेग से तय करता है, तो इन दो मीलों के लिए क्रमशः समय लेगा $\frac{1}{15}$ और $\frac{1}{45}$ घंटे या कुल समय लगेगा $\frac{4}{45}$ घंटे। अतः उसका औसत वेग होगा $2\Big/\frac{4}{45}$ या 22.5 मील प्रति घंटा।

इस विवेचन का उन वाहन-चालकों के लिए विशेष लाभ है जो यह मान लेते हैं कि अमुक स्थान पर पहुंचने के लिए अमुक समय लगेगा। जैसे, कोई चालक प्रथम 50 मील, 40 मील प्रति घंटे के वेग से जाता है और दूसरे 50 मील, 60 मील प्रति घंटे के वेग से, तो

उसका औसत वेग 50 मील प्रति घंटा नहीं होगा। उसका औसत वेग होगा 48 मील प्रति घंटा।

× × ×

नीचे रिश्ते-सम्बन्धी हम दो पहेलियां दे रहे हैं। वास्तव में ये गणित की पहेलियां नहीं हैं। परन्तु, इनको हल करने के लिए जिस तार्किक क्रम की आवश्यकता होती है उसका गणितीय तर्क से गहरा सम्बन्ध है :

"मेरी कोई बहनें नहीं, कोई भाई नहीं,
किन्तु उस व्यक्ति का पिता मेरे पिता का पुत्र है।"

स्पष्टीकरण : यदि बोलने वाले के, जैसा कि वह कहता है, न बहन है और न भाई; तब 'मेरे पिता का पुत्र' वह व्यक्ति स्वयं है। और, यदि 'उस व्यक्ति का पिता' 'मेरे पिता का पुत्र है', तब 'उस व्यक्ति का पिता' बोलनेवाला स्वयं है।

अतः 'वह व्यक्ति' बोलनेवाले का पुत्र है।

उपरोक्त स्पष्टीकरण, ऐसा लगता है, मानो किसी ज्यामितीय प्रयोग की सिद्धि हो।

और एक पहेली लीजिए–

एक बड़े परिवार के लोग इकट्ठे होते हैं।

इनमें एक दादा है, एक दादी है, दो पिता हैं, दो मां हैं, चार बच्चे हैं, तीन पोते हैं, एक भाई है, दो बहनें हैं, दो पुत्र हैं, दो पुत्रियां हैं, एक ससुर है, एक सास है और एक बहू है।

परिवार में कुल कितने व्यक्ति हैं?

आप कहेंगे–23।

नहीं, केवल 11।

वहां दो लड़कियां हैं, एक लड़का है। उनका पिता है, उनकी मां है। उनके पिता के पिता हैं, मां है। उनकी मां के पिता हैं, मां है।

अब आप पुनः विचार कीजिए। पहेली समझ में आ जाएगी।

अनन्त-सम्बन्धी पहेलियां

अनन्त क्या है?

शुरू में 'अनन्त' की एक सामान्य परिभाषा हम देंगे–"अनन्त एक ऐसा समूह है, जिसके सदस्यों की हम एक निश्चित समय में गिनती नहीं कर सकते।"

विशाल संख्याओं और अनन्त के भेद को हमें स्पष्ट कर लेना चाहिए। पृथ्वी पर के मानव-वर्ग की हम गिनती कर सकते हैं। पृथ्वी पर के सभी पेड़ों की सभी पत्तियों को लीजिए–देर-सबेर इनकी भी गिनती सम्भव है और इस गिनती को हम एक निश्चित संख्या द्वारा प्रकट कर सकते हैं। सभी भाषाओं में प्रकाशित, सभी पुस्तकों के सभी अक्षरों को भी हम संख्या द्वारा प्रकट कर सकते हैं। यूनानी गणितज्ञ आर्किमिडीज बड़ी संख्याओं और अनन्त के भेद को समझता था। इसीलिए उसने कहा था कि पृथ्वी के सभी समुद्र-तटों पर बिखरे समस्त बालूकण अनन्त नहीं हैं। इतना ही नहीं, गणितज्ञ ब्रह्मांड के समस्त प्रोटोन-इलेक्ट्रॉन को भी अनन्त नहीं मानता। वास्तव में इस भौतिक जगत् में अनन्त के लिए कोई उदाहरण ही नहीं, भौतिक जगत् में सभी कुछ सीमित है–

तब अनन्त का उदाहरण हमें कहां मिलेगा? तो लीजिए–

1, 2, 3, 4, 5, 6, 7,...गिनते चले जाइए; पीढ़ी-दर-पीढ़ी यह काम चलता रहने दीजिए–समाप्त नहीं होगा। अतः हमारी परिचित 'प्राकृतिक संख्याएं' अनन्त वर्ग का एक उदाहरण हैं।

और उदाहरण लीजिए :

(1) जब क एक प्राकृतिक संख्या होगी तो $क^2$ का मूल्य :

1, 4, 16, 25, 36, 49, 64...

(2) $\frac{1}{क}$ का मूल्य :

$\frac{1}{1}, \frac{1}{2}, \frac{1}{3}, \frac{1}{4}, \frac{1}{5}, \frac{1}{6}, \frac{1}{7}; ...$

(3) 2 क का मूल्य :

2, 4, 8, 16, 32, 64, 128, 256...

इन सभी श्रेणियों के सदस्यों का कोई अन्त नहीं।

शताब्दियों तक इस प्रकार की श्रेणियां गणितज्ञों के लिए पहेलियां बनी रहीं। अभी लगभग 100 वर्ष पूर्व ही हम इसकी सही व्याख्या कर पाए हैं। सन् 1851 में गणितज्ञ बर्नार्ड बोल्झानो महाशय ने 'अनन्त की पहेलियां' नामक एक पुस्तक प्रकाशित की। उस समय गणितज्ञों के सामने कितने विकट प्रश्न थे, इनका आभास हमें कुछ नीचे के उदाहरणों से लग सकता है।

इस श्रेणी पर विचार कीजिए :

स = अ–अ + अ–अ + अ–अ + अ–अ + ...

यदि इस श्रेणी के सदस्यों के हम यों संघ बनाते हैं तो

$$स = (अ–अ) + (अ–अ) + (अ–अ) + (अ–अ) + \ldots$$
$$= 0 + 0 + 0 + 0 + \ldots$$
$$= 0$$

यदि एक अन्य तरीके से इस श्रेणी के सदस्यों को हम संघटित करते हैं, तो

$$स = अ–(अ–अ)–(अ–अ)–(अ–अ)–(अ–अ)\ldots$$
$$= अ–0–0–0–0\ldots$$
$$= अ$$

और एक अन्य तरीके से संघटन...

$$स = अ–(अ–अ + अ–अ + अ–अ + \ldots$$
$$= अ–स$$

$$\text{अतः } 2\ स = प्र \text{ या } स = \frac{अ}{2}$$

अब सवाल है : इस श्रेणी का सही योग क्या है–0 या अ या अ/2? आधुनिक गणित हमको बताता है कि इस श्रेणी का कोई एक निश्चित मान नहीं है। इस श्रेणी का मान 0 और अ के बीच दोलन करता रहता है, अतः इस प्रकार की श्रेणी को गणितज्ञों ने 'दोलन-श्रेणी' का नाम दिया है।

× × ×

वास्तविक-भाग विधि द्वारा हम श्रेणियों को प्राप्त करते हैं :

$$\frac{1}{1+\text{क}} = 1 - \text{क} + \text{क}^2 - \text{क}^3 + \text{क}^4 - \text{क}^5 + \ldots,$$

$$\frac{1}{1+\text{क}+\text{क}^2} = 1 - \text{क} + \text{क}^3 - \text{क}^4 + \text{क}^6 - \text{क}^7 + \ldots,$$

$$\frac{1}{1+\text{क}+\text{क}^2+\text{क}^3} = 1 - \text{क} + \text{क}^4 - \text{क}^5 + \text{क}^8 - \text{क}^9 + \ldots,$$

$$\frac{1}{1+\text{क}+\text{क}^2+\text{क}^3+\text{क}^4} = 1 - \text{क} + \text{क}^5 - \text{क}^6 + \text{क}^{10} - \text{क}^{11} \ldots$$

इसी प्रकार हम और भी श्रेणियां तैयार करते चलें जा सकते हैं।

अब हम क का मूल्य 1 रखेंगे। दाईं ओर की सभी श्रेणियों का एक ही मान होगा अर्थात् सभी का योग निम्न श्रेणी के योग के बराबर होगा–

$$1 - 1 + 1 - 1 + 1 - 1 + 1 - 1 + 1 - \ldots$$

और, बाईं ओर का मूल्य होगा, क्रमशः $\frac{1}{2}, \frac{1}{3}, \frac{1}{4}, \frac{1}{5} \ldots$ ।

अतः जब य कोई प्राकृतिक संख्या होगी, तब $\frac{1}{2} = \frac{1}{3} = \frac{1}{4} = \frac{1}{5} = \ldots \frac{1}{\text{य}}$

वास्तव में, 1 – 1 + 1 – 1 + 1 ... श्रेणी प्रथम उदाहरण की तरह एक दोलन-श्रेणी है और इनका मान 1 और 0 के बीच दोलन करता रहता है।

बोल्झानो की पुस्तक का एक और उदाहरण लीजिए :

$$स = 1 - 2 + 4 - 8 + 16 - 32 + 64 - 128 + \ldots$$

$$= -2\,(1 - 2 + 4 - 8 + 16 - 32 + 64 - \ldots)$$

$$= 1 - 2\,स$$

अर्थात् 3 स = 1, या स = $\frac{1}{3}$ ।

इसके विपरीत यह श्रेणी इस प्रकार भी लिखी जा सकती है :

$$स = 1 + (-2 + 4) + (-8 + 16) + (-32 + 16) + \ldots$$

$$= 1 + 2 + 8 + 32 + 64$$

अर्थात्, स का मान अनन्त की ओर अग्रसर होता है किन्तु एक और अन्य तरीके से :

$$स = (1 - 2) + (4 - 8) + (16 - 32) + (64 - 128) + \ldots$$

$$= -1 - 4 - 16 - 64 -$$

इस श्रेणी का मान ऋण अनन्त की ओर अग्रसर होता है।

मानों की इस असंगति का कारण यह है कि यह श्रेणी केवल दोलन-श्रेणी ही नहीं है, अपितु यह 'अनन्तीय-दोलन' करती है।

ज्यामितीय में अनन्त : गैलिलियो की पहेली

लगभग तीन सौ वर्ष पूर्व गैलिययो ने इस पहेली को अपनी पुस्तक 'दो नूतन विज्ञानों पर संवाद' में प्रकाशित किया था। इस पहेली द्वारा यह सिद्ध होता है कि 'एक बिन्दु एक वृत्त की परिधि के बराबर है।"

अ ब स ड एक वर्ग तैयार कीजिए। ड ब विकर्ण खींचिए। ब को केन्द्र और ब क को अर्धव्यास मानकर एक वृत्तचाप खींचिए। ब क के समानान्तर एक घ क रेखा खींचिए। यह घ क रेखा विकर्ण को ग बिन्दु पर और वृत्तचाप को ख बिन्दु पर काटेगी। घ को केन्द्र मानकर क्रमशः घ ग, घ ख और घ क अर्धव्यास के वृत्त खींचिए। (देखिए चित्र)

यह आसानी से सिद्ध किया जा सकता है कि रेखांकित वृत्त का क्षेत्रफल रेखांकित वलय के बराबर है, क्योंकि–

ख ब घ एक त्रिभुज है और पाइथागोरस के प्रसिद्ध सिद्धान्त के अनुसार

$$\overrightarrow{\text{ख ब}}^2 = \overrightarrow{\text{ब घ}}^2 + \overrightarrow{\text{घ ख}}^2 \quad \ldots\ldots\ldots\ldots(1)$$

किन्तु घ क = ब स और, क्योंकि ब ख और ब स एक ही वृत्ताचाप के अर्धव्यास हैं, ब स = ब ख। अतः घ क = ब ख।

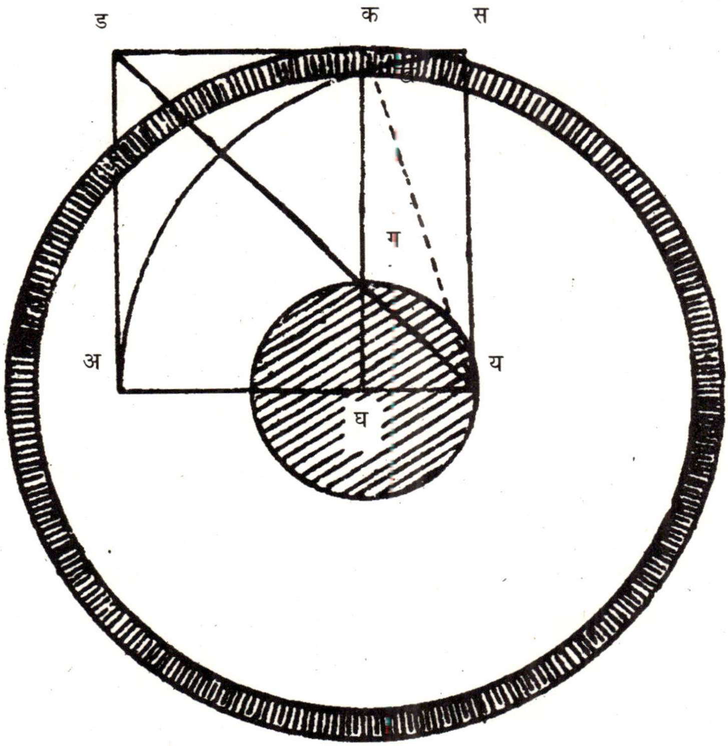

चित्र

पुनः घ ब = घ ग, क्योंकि ये दोनों एक ही वृत्त के अर्धव्यास हैं। अतः समीकरण (1) में हम ब ख के स्थान पर घ क और घ ब के स्थान पर घ ग रख सकते हैं।

इस प्रकार–

$$\overrightarrow{\text{घ ग}}^{2} = \overrightarrow{\text{घ क}}^{2} + \overrightarrow{\text{घ ख}}^{2} \quad ....(2)$$

समीकरण (2) की दोनों बाजुओं को ग से गुणा करने पर

$$\pi.\ \text{घ ग}^{2} = \pi.\ \text{घ क}^{2} - \pi.\ \text{घ ख}^{2}$$

इस समीकरण के बाईं ओर का भाग रेखांकित वृत्त का क्षेत्रफल दर्शाता है और दाईं ओर का भाग, –घ क और घ ख अर्धव्यासोंवाले वृत्तों का अन्तर–रेखांकित वलय का क्षेत्रफल दर्शाता है।

अब कल्पना कीजिए कि घ क रेखा ब स रेखा की ओर सरकती है–ब स रेखा पर पहुंचती है। तब रेखांकित वृत्त ब बिन्दु में सिमट जाता है और रेखांकित वलय ब स अर्धव्यासवाली वृत्त-परिधि में सिमट जाता है। लेकिन, क्योंकि रेखांकित वृत्त और रेखांकित वलय का क्षेत्रफल बराबर है, निर्णय निकलता है कि : एक बिन्दु एक वृत्त की परिधि के बराबर है। अन्य शब्दों में : एक बिन्दु वृत्त परिधि के 'क्षेत्रफल' के बराबर है।

अनन्त का अंकगणित

जेनो की पहेलियों के बाद से पिछली शताब्दी तक प्रायः हर गणितज्ञ अनन्त की पहेलियों को सुलझाने की कोशिश करता रहा। परन्तु, इसका आंशिक हल हमें 19वीं शताब्दी के अन्तिम चरण में ही मिला। जर्मन गणितज्ञ कैन्टर (ई.स. 1845–1918) ने अनन्त सम्बन्धी एक नए गणित को जन्म दिया।

कैन्टर के सिद्धान्त को समझने से पूर्व हमें प्राकृतिक संख्याओं के बारे में कुछ बातें जान लेना जरूरी है। हमारा गिनती करने का तरीका क्या है? जब हम किसी परिमित वर्ग (Finite class) की गिनती करते हैं तो वास्तव में क्या करते हैं? केवल यह कहने से काम नहीं चलेगा कि उस वर्ग की एक-एक वस्तु को लेकर हम क्रमशः 1, 2, 3...गिनती करते चले जाते हैं। हमें मूल बात पकड़नी होगी।

कल्पना कीजिए कि आप 24 मनुष्यों के एक सुधारक-दल के नेता होकर आदिवासियों के बीच जाते हैं। मान लीजिए कि आदिवासी केवल तीन तक ही गिनती करना जानते हैं अर्थात्, वे एक, दो, तीन और अनेक को ही समझ सकते हैं। अपने साथियों को पीछे छोड़कर उनके निवास-भोजन की व्यवस्था के लिए आप आदिवासियों

के मुखिया के पास पहुंचते हैं। आप उसे और 23 आदमियों के भोजन की व्यवस्था के लिए कहते हैं। मान लीजिए कि भोजन की बात वह किसी तरह समझ जाता है परन्तु वह आपके 'तेईस' को कैसे समझे? वह तो तीन के आगे जानता ही नहीं। तब आपको एक युक्ति सूझती है–आप जमीन पर 23 लकीरें खींचते हैं और एक-एक लकीर से एक-एक आदमी का सम्बन्ध जोड़कर आप किसी तरह जितनी लकीरें, उतने आदमियों के भोजन की व्यवस्था कराते हैं। इस तरह आप अपनी बात समझाने में सफल होते हैं। आदिवासी 'तीन' के आगे संख्या-अक्षरों को नहीं जानते, फिर भी एक-एक लकीर के लिए एक-एक खाना तैयार करने की बात वे समझ जाते हैं। गिनती के इस तरीके को हम 'एक-एक-सम्बन्ध' का नाम देंगे। बच्चे जब उंगलियों पर गिनती करते हैं तो इसी 'एक-एक-सम्बन्ध' को उपयोग में लाते हैं।

सभ्य समाज से एक उदाहरण ले लीजिए। हाईस्कूल के बाद, मैं शिलांग के एक क्रिश्चियन कॉलेज में पढ़ने गया। नाना तरह के नाम पुकारकर हाजिरी लेने की वहां प्रथा नहीं थी। प्रत्येक विद्यार्थी का अपना एक नम्बर रहता था और क्लास की सीटों पर भी नम्बर लगे हुए थे। विद्यार्थी अपने-अपने नम्बर की सीट पर ही बैठते थे। अध्यापक केवल खाली सीटों के नम्बर नोट कर लेता था। बाद में वह अपनी फुरसत से हाजिरी लगा लेता था। कितना आसान तरीका! न समय का दुरुपयोग, न 'प्रौक्सी' की परेशानी! इस व्यवसथा के मूल ही में वही 'एक-एक-सम्बन्ध' निहित है।

इसी 'एक-एक-सम्बन्ध' को आधार बनाकर कैन्टर ने अनन्त-सम्बन्धी एक नए गणित को जन्म दिया। 1, 2, 3, 4... जैसी

संख्याओं से कैन्टर ने अपरिमित संख्याओं को समझाया। जिस प्रकार परिमित संख्याओं के वर्ग होते हैं, उसी प्रकार अपरिमित संख्याओं के भी वर्ग हैं। सबसे उपयोगी और सरल अपरिमित वर्ग है समस्त प्राकृतिक संख्याओं का...1, 2, 3... अनन्त तक। अब आप एक लाइन में इन संख्याओं को रखिए और फिर ठीक उसके नीचे प्रत्येक संख्या की वर्ग-संख्या को–

1, 2, 3, 4, 5, 6, 7,...य,...

↑ ↑ ↑ ↑ ↑ ↑ ↑ ↑

↓ ↓ ↓ ↓ ↓ ↓ ↓ ↓

1, 4, 9, 16, 25, 36, 49,...$य^2$,...

थोड़ा-सा विचार करने पर यह स्पष्ट हो जाएगा कि इस क्रम का कोई अन्त नहीं, अर्थात् इस क्रम में कोई अन्तिम संख्या नहीं। दूसरे शब्दों में, प्राकृतिक संख्याओं और उनकी वर्ग संख्याओं में 'एक-एक-सम्बन्ध' सम्भव है। तात्पर्य यह है कि जिस प्रकार प्राकृतिक संख्या-वर्ग अपरिमित है, उसी प्रकार उसकी वर्ग-संख्याओं का वर्ग भी अपरिमित है और एक उदाहरण लीजिए–

1, 2, 3, 4, 5, 6, 7,...य,...

↑ ↑ ↑ ↑ ↑ ↑ ↑ ↑

↓ ↓ ↓ ↓ ↓ ↓ ↓ ↓

1, 3, 5, 7, 9, 11, 13,...2 य–1...

ऊपर प्राकृतिक संख्याएं हैं और नीचे विषम संख्याएं हैं। इनके बीच एक-एक का सम्बन्ध सम्भव है। इस क्रम को आप बिना रोक-टोक के जितनी दूर तक चाहें ले जा सकते हैं—कोई अन्त नहीं। इससे सिद्ध होता है कि विषम संख्याओं का वर्ग भी अपरिमित है।

अब तक आपके मन में एक प्रश्न पैदा हो गया होगा। ऊपर के दोनों उदाहरणों में प्राकृतिक संख्याओं के वर्ग को एक उपवर्ग के साथ एक-एक-सम्बन्ध में रखा गया है। वर्ग और उसी वर्ग का एक भाग—दोनों कैसे बराबर हो सकते हैं? यहां पर तो हमने यही दर्शाया है कि सम्पूर्ण और इसका एक भाग, दोनों समान हैं। अपने दैनन्दिन जीवन की घटनाओं में तो आप इस तरह की कोई बात नहीं देखते परन्तु, यहां पर हमें यह याद रखना चाहिए कि हमारा समस्त दैनन्दिन व्यापार एक परिमित व्यापार है और यहां पर हम अपरिमित की चर्चा कर रहे हैं। जिस प्रकार परिमित संख्याओं के वर्गों में छोटे-बड़े का प्रश्न उठता है, उस प्रकार का प्रश्न अपरिमित वर्गों के लिए नहीं उठता।

सम्पूर्ण इसके एक भाग के बराबर। आपकी सामान्य बुद्धि ने यदि कभी धोखा नहीं खाया हो तो उसका यह एक उदाहरण है। फिर भी इस पूरे निर्णय में किसी तरह की कोई गलती नहीं है। इसके विपरीत इसी पहेली के आधार पर कैन्टर ने अनन्त की परिभाषा दी है। सामान्यतः तो हम यही कहते हैं कि अनन्त एक ऐसा वर्ग है जिसकी गिनती का कोई अन्त नहीं। परन्तु कैन्टर के अनुसार, अनन्त एक ऐसा वर्ग है जिसका हम इसी के एक उपवर्ग के साथ एक-एक का सम्बन्ध स्थापित कर सकते हैं।

लेकिन अब तक तो हम केवल अनन्त की परिभाषा तक ही पहुंचे हैं। इस परिभाषा के कुछ अद्भुत परिणाम भी देख लीजिए।

भिन्नों पर विचार कीजिए। किन्हीं भी दो भिन्नों के बीच एक तीसरा भिन्न रखना हमेशा सम्भव है अर्थात्, किन्हीं भी दो भिन्नों के बीच आप अनन्त भिन्नों की खोज निकाल सकते हैं। कैन्टर ने सिद्ध कर दिखाया कि प्राकृतिक संख्याओं का और समस्त भिन्नों का एक-एक सम्बन्ध सम्भव है अर्थात् भिन्न संख्याओं का वर्ग भी अपरिमित है। अब आपके सामने प्रश्न उपस्थित हो सकता है कि क्या ऐसा भी कोई वर्ग है जिसके साथ एक-एक सम्बन्ध सम्भव नहीं है? जरूर है।

अब तक तो हमने केवल परिमेय संख्याओं के वर्ग (प्राकृतिक संख्याएं और भिन्न संख्याएं) पर ही विचार किया है परन्तु, संख्याओं का और भी एक वर्ग है जिसे हम अपरिमेय संख्याओं का वर्ग कहते हैं। वृत्त की परिधि और व्यास का अनुपात हम दशमलव द्वारा प्रकट करते हैं और इस दशमलव की संख्याओं का कोई अन्त नहीं।

और यह भी एक अपरिमेय संख्या है। कैन्टर ने सिद्ध कर दिखाया कि अपरिमेय संख्याओं के वर्ग के साथ एक-एक का सम्बन्ध नहीं है।

एक सरल रेखा पर बिन्दुओं द्वारा हम परिमेय और अपरिमेय दोनों प्रकार की संख्याओं को प्रकट कर सकते हैं। इससे यह सिद्ध होता है कि रेखा के किन्हीं भी दो बिन्दुओं के बीच अनन्त बिन्दु हैं। नीचे की आकृति को देखिए–

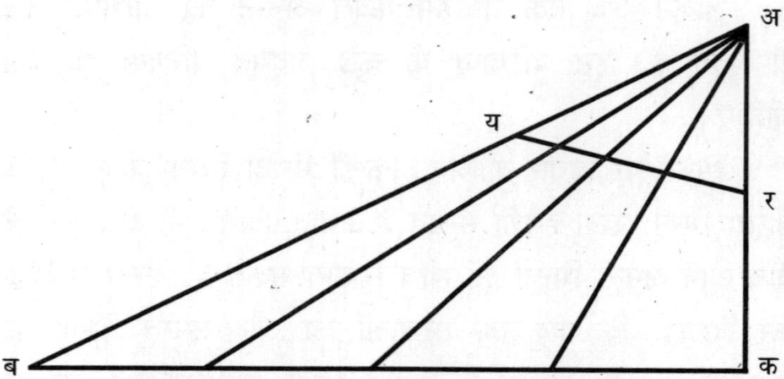

ब क एक रेखा है और उससे छोटी य र एक रेखा है। अ बिन्दु से ब क रेखा पर सीधी रेखाएं खींचिए। ब क रेखा के प्रत्येक व बिन्दु के लिए एक-एक के सम्बन्ध के अनुसार य र रेखा पर भी बिन्दु मिलते जाएंगे। इससे यह सिद्ध होता है कि ब क रेखा पर जितने बिन्दु हैं, उतने ही बिन्दु य र रेखा पर हैं। इस शास्त्रार्थ को और आगे बढ़ाने से निर्णय निकलता है कि छोटे-से-छोटे रेखा-खंड (एक इंच का सौवां भाग या उससे भी छोटा) में ठीक उतने ही बिन्दु हैं जितने कि एक अपरिमित लम्बी रेखा में हैं। एक परिणाम पर आपको शायद आश्चर्य होता हो परन्तु, ब्राउयेर नामक एक गणितज्ञ ने इस चर्चा को आगे बढ़ाकर यहां तक सिद्ध कर दिखाया है कि एक इंच रेखा-खंड के एक अरबवें हिस्से में ठीक उतने ही बिन्दु हैं जितने की सम्पूर्ण ब्रह्मांड में।

अच्छा है कि अपनी अनन्त की चर्चा मैं यहीं पर समाप्त कर दूं। इतनी ही बकवास गणितज्ञों को पागल करार देने के लिए पर्याप्त है और यहीं पर आकर रसेल महाशय द्वारा दी गई गणित की परिभाषा सार्थक सिद्ध होती है। ''गणित एक ऐसा शास्त्र है जिसमें

हम नहीं जानते कि हम क्या चर्चा कर रहे हैं, किसकी चर्चा कर रहे हैं, और न हम यही जानते हैं कि जिसकी चर्चा कर रहे हैं वह सत्य है।"

प्रश्न पूछा जा सकता है—जब अनन्त का कोई अस्तित्व ही नहीं या इसके अस्तित्व का हमारे पास कोई भौतिक प्रमाण नहीं है, तो फिर इस गणितीय अनन्त की चर्चा क्यों? लेकिन बन्धुवर, यह अनन्त ही तो गणितशास्त्र की जान है, पग-पग पर इसकी जरूरत पड़ती है। भौतिक जगत में किसी अनन्त का अस्तित्व हो या न हो, गणितीय सिद्धान्त इसके बिना जीवित नहीं रह सकते। फिर भी गणितज्ञों का यह दावा नहीं ही है कि उन्होंने अनन्त की पहेली को पूर्ण रूप से हल कर लिया है।

तार्किक गणित की पहेलियां

तार्किक गणित की पहेलियां

बर्ट्रान्ड रसेल ने अपनी पुस्तक Introduction to Mathematical Philosophy में लिखा है : "ऐतिहासिक दृष्टि से गणित और तर्कशास्त्र अलग-अलग अध्ययन के विषय रहे हैं। परन्तु, आधुनिक काल में दोनों का विकास एक-दूसरे पर आधारित रहा है—तर्कशास्त्र अधिक गणितीय हो गया है और गणितशास्त्र अधिक तार्किक हो गया है। परिणाम यह हुआ कि आज हम गणित और तर्कशास्त्र के बीच एक विभाजक रेखा नहीं खींच सकते। वास्तव में ये दोनों शास्त्र एक हैं।"

यहां पर तर्कशास्त्र और गणित के सम्बन्ध को सिद्ध करना सम्भव न होगा, क्योंकि यह विषय बहुत ही जटिल है। तार्किक गणित सम्बन्धी कुछ पहेलियों पर ही यहां हम विचार करेंगे।

सबसे प्रसिद्ध तार्किक पहेली है एपिमेनिडेस की। ईसा पू. छठी शताब्दी में यह एक यूनानी दार्शनिक थे। इनका कथन था "सभी क्रीटनिवासी झूठे हैं" (और इस माने में पृथ्वी के सभी लोग झूठ बोलते हैं)।

इस कथन से आपको शायद जोर का धक्का पहुंचा! लेकिन फिर भी इस प्रकार के कथनों को यदाकदा कहते ही हैं : "आज सभी

तारे गायब हैं। 'इस शहर के सभी दुकानदार बेईमान हैं' आदि। लेकिन झूठ का कथन आपको विचलित कर देता है। क्यों? नीचे के कथनक्रम को पुनः-पुनः ध्यान से पढ़िए।

(1) क्रीट-निवासियों के सभी कथन झूठ हैं।

(2) कथन (1) एक क्रीट-निवासी का है।

(3) अतः कथन (1) झूठ है।

(4) अतः कीट-निवासियों के सभी कथन झूठ नहीं हैं।

कथन (1) और (4) में उपतोपाश है। दोनों कथन एकसाथ सही नहीं हो सकते, फिर भी कथन (4) कथन (2) की तार्किक प्राप्ति हैं।

× × ×

हम सभी यदाकदा कहते हैं : ''सभी नियमों के अपवाद होते हैं।'' लेकिन इस कथन के उपतोपाश से बहुत कम लोग परिचित हैं।

(1) सभी नियमों के अपवाद होते हैं।

(2) कथन (1) एक नियम है।

(3) इसलिए कथन (1) के भी अपवाद हैं।

(4) अतः सभी नियमों के अपवाद नहीं होते।

प्रोटागोरस की पहेली

प्रोटागोरस (ई.पू. 5वीं शताब्दी) एक दार्शनिक थे। प्रोटागोरस ने अपने एक शिष्य के साथ करार किया कि शिक्षण समाप्त हो जाने पर, प्रथम आय के साथ वह गुरु की फीस (दक्षिणा) चुकता कर देगा। उस व्यक्ति ने अध्ययन समाप्त किया और अर्थलाभ की प्रतीक्षा करने लगा। परन्तु उसे अर्थलाभ हुआ नहीं। प्रोटागोरस ने कोर्ट में मुकदमा ले जाने का निर्णय किया।

प्रोटोगोरस ने कहा : "या तो तुम मुकदमा जीतोगे या मैं जीतूंगा। यदि मैं जीतता हूं, तो कोर्ट के निर्णय के अनुसार तुम्हें मुझे पैसा देना होगा और यदि तुम जीतते हो तो पूर्व करार के अनुसार तुम्हें ही मुझे रुपया देना होगा। किसी भी हालत में तुम्हें ही मुझे पैसा देना होगा।"

"नहीं, इस प्रकार नहीं," शिष्य ने कहा, "यदि मैं जीतता हूं तो कोर्ट के निर्णय के अनुसार मुझे पैसा नहीं देना होगा। और यदि आप जीतते हैं तो हमारे करार के अनुसार मुझे आपको पैसा नहीं देना होगा। किसी भी हालत में मुझे आपको पैसा न देना होगा।"

किसका कथन सही है? कौन जाने?

× × ×

देहात के एक नाई ने नियम बनाया :

"देहात के सभी पुरुषों में से, स्वाभाविक है कि मैं उन पुरुषों की दाढ़ी नहीं बनाऊंगा, जो स्वयं अपनी दाढ़ी बनाते हैं। परन्तु, मैं उन सभी पुरुषों की दाढ़ी बनाऊंगा, जो स्वयं अपनी दाढ़ी नहीं बनाते।

यह कथन शुरू में आपको सरल प्रतीत होगा। लेकिन स्वयं उस नाई पर विचार कीजिए। क्या वह अपनी दाढ़ी बनाता है या नहीं बनाता?

मान लीजिए कि वह स्वयं अपनी दाढ़ी बनाता है। तब वह उस वर्ग का सदस्य बन जाता है जो स्वयं अपनी दाढ़ी बनाता है। अतः नाई स्वयं अपनी दाढ़ी नहीं बनाता।

अच्छा, अब मान लीजिए कि वह स्वयं अपनी दाढ़ी नहीं बनाता। तब वह उस वर्ग का सदस्य बन जाता है जो स्वयं अपनी दाढ़ी नहीं बनाता। परन्तु वह नाई उन सभी पुरुषों की दाढ़ी बनाता है जो स्वयं अपनी दाढ़ी नहीं बनाते। अतः वह स्वयं ही अपनी दाढ़ी बनाता है।

यहां पर एक अजीब स्थिति पैदा हो गई है क्योंकि वह नाई जब अपनी दाढ़ी बनाता है, तब वह नहीं बनाता और वह नहीं बनाता है तो बनाता है।

उसकी दाढ़ी का क्या हाल होगा?

जरा बताओ तो!

जरा बताओ तो!

जरा बताओ तो!

1. चार गेंद एक साथ इस प्रकार रखी जा सकती हैं कि प्रत्येक गेंद शेष तीन गेंदों को स्पर्श करे (देखो चित्र)।

इसी प्रकार, क्या छह दियासलाइयों को, बिना तोड़े या मोड़े, इस प्रकार रखा जा सकता है कि प्रत्येक दियासलाई शेष पांच दियासलाइयों को स्पर्श करे?

2. इस आकृति के गोल घरों में 1 से 9 तक के अंक, बिना दोहराए, इस प्रकार लिखो कि प्रत्येक भुजा के अंकों का जोड़ 20 आए।

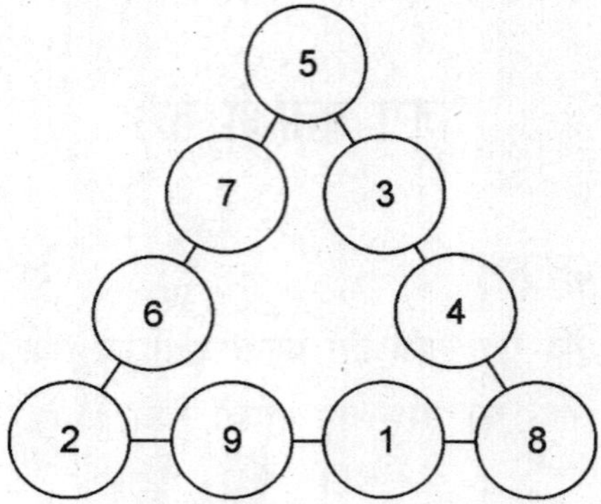

फिर, इसी आकृति में उन्हीं नौ अंकों को, बिना दोहराए, इस प्रकार लिखो कि प्रत्येक भुजा के अंकों का जोड़ 17 आए।

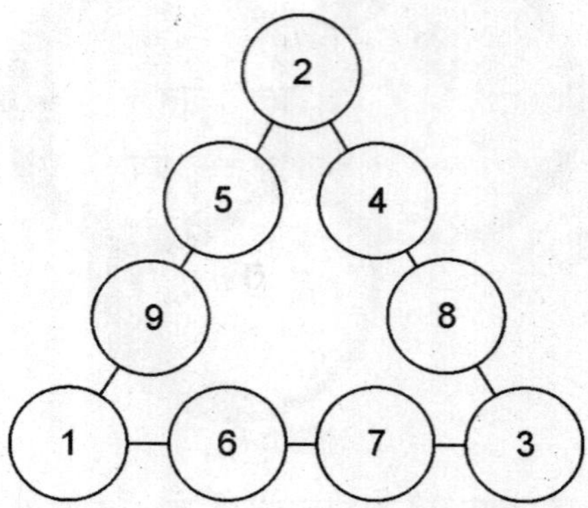

3. दो अंकों से लिखी जाने वाली सबसे छोटी पूर्णांक संख्या कौन-सी है?

जरा बताओ तो!

1. छह दियासलाइयों को इस प्रकार कई तरीकों से रखा जा सकता है। एक तरीका चित्र में दिखाया गया है।

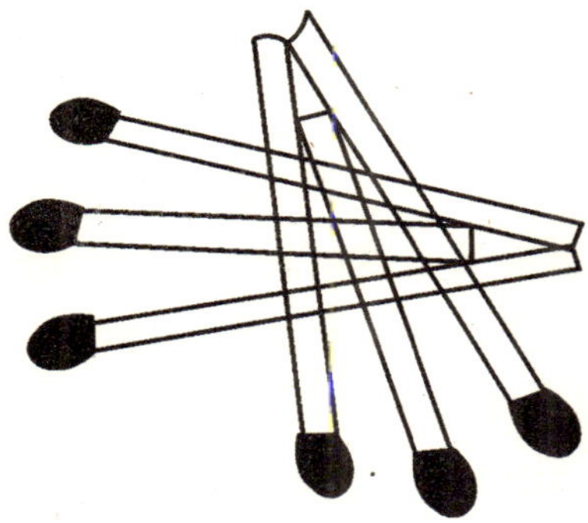

2. इन आकृतियों में भुजाओं के बीच के दो अंकों में अदल-बदल की जा सकती है।

3. तुम समझते होगे कि दो अंकों से लिखी जाने वाली सबसे छोटी पूर्णांक संख्या 10 है। पर यह गलत है। इस प्रकार लिखी जाने वाली सबसे छोटी संख्या 1 है, जो इस प्रकार लिखी जा सकती है :

$\frac{1}{1}, \frac{2}{2}, \frac{3}{3}, \frac{4}{4}$ इत्यादि $\frac{9}{9}$ तक।

पहेली नं. 1

समान आकार के दो गिलास लीजिए। एक गिलास में पानी की एक निश्चित मात्रा लीजिए। दूसरे गिलास में ठीक उतना ही खालिस दूध डालिए। अब दूध के गिलास से एक चम्मच दूध लेकर उसे पानी के

गिलास में डालिए और अच्छी तरह से मिलाइए। फिर उस दूध मिले पानी के गिलास से एक चम्मच मिश्रण लेकर वापस दूध के गिलास में डालिए।

बताइए, अब पानी में जितना दूध है उससे दूध में पानी अधिक होगा, या दूध में जितना पानी है उससे पानी में दूध अधिक होगा?

पहेली नं. 1 हल

अधिकतर दोनों में से एक उत्तर को इस पहेली का हल बताया जाता है। परन्तु दोनों उत्तर सही नहीं हैं। क्यों?

आसानी के लिए, कल्पना कीजिए कि आरम्भ में एक गिलास में 4 चम्मच दूध है, और दूसरे गिलास में भी 4 चम्मच ही पानी है। अब यदि हम दूध के गिलास में एक चम्मच दूध लेकर पानी वाले गिलास में डालते हैं, तो उस पानी वाले गिलास में 5 चम्मच मिश्रण होगा, जिसमें-एक-पंचमांश दूध और चार-पंचमांश पानी रहेगा। इसके बाद हम इस गिलास से एक चम्मच मिश्रण दूध के गिलास में डालते हैं। अर्थात्, एक चम्मच का एक-पंचमांश दूध वापस दूध के गिलास में पहुंचाते हैं, और साथ ही एक चम्मच का चार-पंचमांश पानी भी उसमें जोड़ते हैं। तब पानी वाले गिलास में एक चम्मच का चार-पंचमांश दूध बचा रहता है।

इस प्रकार, अन्त में दूध वाले गिलास में उतना ही पानी रहता है जितना कि पानी वाले गिलास में दूध रहता है।

पहेली नं. 2

एक ही परिवार के दो या तीन व्यक्तियों का पुलिस-अफसर होना

अचरज की बात नहीं है। ऐसा ही एक परिवार था जिसमें दो व्यक्ति पुलिस-अफसर थे। एक का ओहदा काफी ऊंचा था; दूसरे की नियुक्ति चौकी-इंचार्ज के पद पर हाल ही में हुई थी। दोनों में रिश्ता यह था कि छोटा अफसर बड़े अफसर का बेटा था, पर बड़ा अफसर छोटे अफसर का पिता नहीं था।

बताइए, दोनों में वास्तविक रिश्ता क्या था?

पहेली नं. 2 हल

पहेली का हल कठिन नहीं है, कठिनाई है तो केवल परम्परा से हटकर सोचने की। हम सोचते हैं कि केवल एक पुरुष ही पुलिस का एक बड़ा अफसर बन सकता है, एक महिला के लिए यह सम्भव नहीं है। लेकिन दिल्ली में ही एक भूतपूर्व महिला (किरण बेदी) के पुलिस उपायुक्त होने का उदाहरण मौजूद है।

अतः पहेली का हल स्पष्ट है। छोटा अफसर बेटा है, पर बड़ा अफसर पिता नहीं, मां है!

पहली नं. 3

सैनिक प्रशिक्षण में प्रायः हर काम पंक्तिबद्ध तरीके से होता है। झंडा-वन्दन का अवसर था। कुल 24 सैनिक थे। अफसर ने सोचा कि आज झंडा-वन्दन के लिए सैनिकों को कुछ नए ढंग से पंक्तियों में खड़ा करना चाहिए। उसने आदेश दिया—पांच-पांच सैनिकों की 6 पंक्तियां बनाओ।

बताइए, कुल सैनिक 24 हों, तो प्रत्येक पंक्ति में 5 सैनिकों वाली 6 पंक्तियां कैसी बनेंगी?

पहेली नं. 3 हल

पहेली कठिन नहीं है। 24 सैनिकों को एक षड्भुज की आकृति में खड़ा करके पांच-पांच सैनिकों की 6 पंक्तियां सहज ही बनाई जा सकती हैं।

पहेली नं. 4

जीव-विज्ञान के एक विद्यार्थी ने 8 मकड़ियां और भौंरे पकड़े और उन्हें एक छोटे बक्से में बन्द कर दिया। फिर उसने उनके सभी पैरों की गिनती की, तो पता चला कि कुल पैरों की संख्या 54 है।

बताइए, कि उस विद्यार्थी ने कितनी मकड़ियां पकड़ीं और कितने भौंरे पकड़े?

पहेली नं. 4 हल

इस पहेली के हल के लिए पहले आपको यह जानना होगा कि मकड़ी के कितने पैर होते हैं और भौंरे के कितने पैर होते हैं। मकड़ी के 8 पैर होते हैं और भौंरे के 6 पैर होते हैं, इसीलिए उसे षट्पाद कहते हैं।

अब कल्पना कीजिए कि बक्से में सारे भौंरे ही हैं, यानी 8 भौंरे ही हैं। तब उनके कुल पैरों की संख्या 48 होनी चाहिए, यानी पहेली में बताई गई संख्या से 6 कम। यदि हम इनमें एक भौंरे के स्थान पर एक मकड़ी को लेते हैं तो कुल पैरों की संख्या 56 होगी, यानी दी गई संख्या से 2 अधिक।

अतः यह स्पष्ट है कि यदि हम तीन भौंरे के स्थान पर तीन

मकड़ियां रखते हैं तो कुल पैरों की संख्या 54 होगी। तब बक्से में 5 भौंरे होंगे और 3 मकड़ियां होंगी। यही है पहेली का हल।

पहेली नं. 5

एक कुएं की तलहटी में एक मेढक है, और कुएं की गहराई 30 मीटर है। प्रत्येक घंटे में वह मेढक 3 मीटर ऊपर चढ़ता है, और 2 मीटर नीचे फिसल जाता है। बताइए, उस कुएं से बाहर निकलने के लिए उस मेढक को कितने घंटे लगेंगे?

पहेली नं. 5 हल

हम यह मानकर चलते हैं कि मेढक इतना मूर्ख नहीं है कि न जानता हो कि वह कब कुएं के बाहर आ गया है। 27वें घंटे के अन्त में वह ऊपर से केवल तीन मीटर नीचे रहेगा। 28वें घंटे में वह यह तीन मीटर ऊंचाई चढ़ेगा, और इस प्रकार कुएं के बाहर निकल आएगा।

पहेली नं. 6

रमेश के मामा गणित के अध्यापक हैं। जब उन्हें पता चला कि दसवीं में पढ़ने वाला रमेश गणित में काफी होशियार है, तो उन्होंने उसे एक पहेली का हल खोजने को कहा। आप भी खोजिए।

रमेश के मामा ने दियासलाइयों की एक डिबिय ली। फिर उन्होंने डिबिया की तीलियों के तीन असमान समूह बनाए। डिबिया में कुल 48 तीलियां थीं। पहेली पेश करते हुए वह बोले : मैं यह नहीं

बताऊंगा कि प्रत्येक समूह में कितनी तीलियां हैं। लेकिन यदि मैं पहले समूह से उतनी ही तीलियां उठाता हूं जितनी कि दूसरे समूह में हैं और उन्हें दूसरे समूह में रखता हूं, और फिर दूसरे समूह से उतनी ही तीलियां उठाता हूं जितनी कि तीसरे समूह में हैं और उन्हें तीसरे समूह में रखता हूं, और अन्त में तीसरे समूह से उतनी ही तीलियां उठाता हूं जितनी कि पहले समूह में हैं और उन्हें पहले समूह में रखता हूं, तो यह सब करने के बाद सभी समूहों में बराबर तीलियां हो जाएंगी।

बताइए, आरम्भ में प्रत्येक समूह में कितनी तीलियां थीं?

पहेली नं. 6 हल

उलटे क्रम से क्रियाएं करने पर पहेली का हल प्राप्त होता है। अन्त में सभी समूहों में तीलियों की संख्या बराबर होती है। चूंकि कुल तीलियां 48 थीं, इसलिए अन्त में प्रत्येक समूह में 16 तीलियां होंगी।

इसके ठीक पहले तीसरे समूह से पहले समूह में उतनी ही तीलियां डाली गई थीं जितनी कि पहले समूह में मौजूद थीं, यानी पहले समूह में तीलियों की संख्या दुगुनी हो गई। इस प्रकार, अन्तिम क्रिया के पहले केवल 8 तीलियां पहले समूह में थीं। तीसरे समूह में, जिसमें से 8 तीलियां ली गईं, 16 + 8 = 24 तीलियां थीं। अतः अन्तिम क्रिया के पहले तीनों समूहों में तीलियां थीं :

1	2	3
8	16	24

आगे, हम जानते हैं कि, दूसरे समूह से उतनी ही तीलियां लेकर

तीसरे समूह में डाली गई थीं जितनी कि तीसरे समूह में पहले से मौजूद थीं, यानी दूसरे समूह से 12 तीलियां लेकर तीसरे समूह में डाली गई थीं। इस प्रकार, पहली क्रिया के बाद तीनों समूहों में तीलियां थीं :

1	2	3
8	28	12

पहली क्रिया में पहले समूह से उतनी ही तीलियां लेकर दूसरे समूह में डाली गई थीं जितनी कि पहले से दूसरे समूह में मौजूद थीं, यानी 14 तीलियां। अतः आरम्भ में तीनों समूहों में तीलियां थीं :

1	2	3
22	14	12

पहेली नं. 7

त्योहार के दिन दो पिताओं ने अपने दो पुत्रों को कुछ रुपए दिए। एक ने अपने पुत्र को 101 रुपए दिए, और दूसरे ने अपने पुत्र को 51 रुपए दिए। बाद में जब उन दोनों पुत्रों ने अपनी कुल रकम को जोड़ा, तो पाया कि दोनों की सम्मिलित रकम में केवल 101 रुपयों की ही वृद्धि हुई है।

बताइए, ऐसा कैसे हुआ?

पहेली नं. 7 हल

पहेली का सारा रहस्य इस बात में निहित है कि दोनों पिता

और दोनों पुत्र दरअसल एक ही परिवार के व्यक्ति हैं। इस प्रकार, पहेली में चार नहीं, केवल तीन ही व्यक्ति हैं : पितामह, पिता और पुत्र। पितामह ने अपने पुत्र को 101 रुपए दिए, और फिर उस दूसरे व्यक्ति (पिता) ने अपने पुत्र को 51 रुपए दिए। इस प्रकार, दोनों पुत्रों की कुल रकम में 152 रुपयों की नहीं, बल्कि केवल 101 रुपयों की ही वृद्धि हुई।

पहेली नं. 8

एक महिला की सोने की चेन की टूट गई। संयोग से वह चेन इस प्रकार टूटी थी कि उसकी चार-चार कड़ियों के 6 बराबर टुकड़े हो गए। वह महिला एक सुनार के पास पहुंची। चेन के उन टुकड़ों को देखकर सुनार बोला : चेन के इन 6 टुकड़ों को जोड़ने के लिए मुझे पांच कड़ियां खोलनी होंगी और फिर उन्हें जोड़ना होगा। मैं एक कड़ी को खोलकर जोड़ने के दो रुपए लेता हूं इसलिए आपको कुल दस रुपए देने होंगे।'

वह महिला उस सुनार से अधिक चतुर थी। बोली : एक कड़ी को जोड़ने के लिए दो रुपए देने को मैं तैयार हूं। लेकिन मैं जानती हूं कि चेन के इन 6 टुकड़ों को जोड़ने के लिए पांच कड़ियों को खोलकर पुनः जोड़ने की जरूरत नहीं है। इससे कम कड़ियों को खोलकर जोड़ने से भी काम हो सकता है।

बताइए, ऐसा उस महिला ने क्यों कहा? उस चेन को जोड़ने के लिए कम-से-कम कितनी कड़ियों को खोलना जरूरी है?

पहेली नं. 8 हल

केवल चार कड़ियों को खोलकर चेन के छहों टुकड़ों को जोड़ा जा सकता है। उनमें से एक टुकड़ा लीजिए, और उसकी चारों कड़ियां खोलिए। इन चार कड़ियों से शेष पांच टुकड़ों को सहज ही आपस में जोड़ा जा सकता है। अतः स्पष्ट है कि वह महिला चेन की मरम्मत के लिए 10 रुपए देने के लिए क्यों तैयार नहीं हुई। सही हिसाब से उसे केवल 8 रुपए ही देने होंगे।

●●●